Rechenregeln und Rechengesetze (1)

1 Ergänze die KLAPS-„Regel" zu den Rechenregeln.

Kla ____________, P ____________ vor S ____________.

2 Berechne.

a) 7 · (6 + 2) − 10 = ____
36 : 6 − 2 · 2 = ____
9 + 8 : (4 − 2) = ____

b) 4 + 9 · 3 + 5 = ____
8 + (7 · 2) − 6 = ____
(7 + 3) · 5 − 20 = ____

c) 10 − 6 : 2 + 5 · 3 = ____
(12 − 4) : 2 + 3 · 3 = ____
5 · 8 : 2 − 10 : 2 = ____

3 Ergänze jeweils den Namen des Rechengesetzes. Ergänze die Beispiele.

____________	____________	____________
Beim Addieren und Multiplizieren darf man Zahlen beliebig vertauschen. Das Ergebnis bleibt gleich.	Beim Addieren und Multiplizieren darf man die Zahlen beliebig durch Klammern verbinden. Das Ergebnis bleibt gleich.	Eine Zahl wird mit einer Summe multipliziert, indem man jeden Summanden mit dieser Zahl multipliziert und die Produkte dann addiert.
18 + 6172 = ____ + ____	7 · 5 · 2 = _ · (_ · _)	3 · (40 + 2) = 3 · __ + 3 · _
7 · 4 = __ · __	35 + 16 + 4 = __ + (__ + _)	(20 + 5) · 6 = __ · 6 + _ · _

4 Rechne vorteilhaft, indem du das Kommutativgesetz und das Assoziativgesetz anwendest.

a) 165 + 29 + 35 = (165 + 35) + 29 = 200 + 29 = ____________

b) 308 + 77 + 52 = ____________ = ____________ = ____________

c) 251 + 68 + 19 = ____________ = ____________ = ____________

d) 576 + 46 + 24 = ____________ = ____________ = ____________

5 Rechne vorteilhaft, indem du das Distributivgesetz sinnvoll anwendest.

a) 5 · (90 + 2) = 5 · 90 + 5 · 2 = 450 + 10 = ____________

b) 7 · (20 + 5) = ____________ = ____________ = ____________

c) 3 · (800 + 6) = ____________ = ____________ = ____________

d) 8 · (30 − 1) = 8 · 30 − 8 · 1 = 240 − 8 = ______

e) 6 · (90 − 4) = ____________ = ____________

f) 4 · (700 − 3) = ____________ = ____________ ______

W0296309

6 Rechne vorteilhaft.

a) 5 · (300 + 4) = ________ = ____
(48 + 12) : 3 = ________ = ____
36 + 27 : 3 = ________ = ____
15 · 7 · 4 = ________ = ____

b) 54 : (9 − 3) · 5 = ________ = ____
7 · 6 + 8 · 4 = ________ = ____
(800 − 2) · 9 = ________ = ____
16 + 4 · 4 : 2 = ________ = ____

▸ Seiten 8/9

Rechenregeln und Rechengesetze (2)

1 Für ein Konzert wurden 2630 Karten im Vorverkauf und 970 Karten kurz vor der Veranstaltung verkauft. Eine Karte kostete 18 €. Wie viel hat der Veranstalter insgesamt eingenommen?

Antwort: ______________________________

2 Auf einer Beerenplantage pflückt Kenan 2 kg Heidelbeeren. Anna und Lisa pflücken 3,5 kg Himbeeren. Wie viel bezahlen die drei insgesamt?

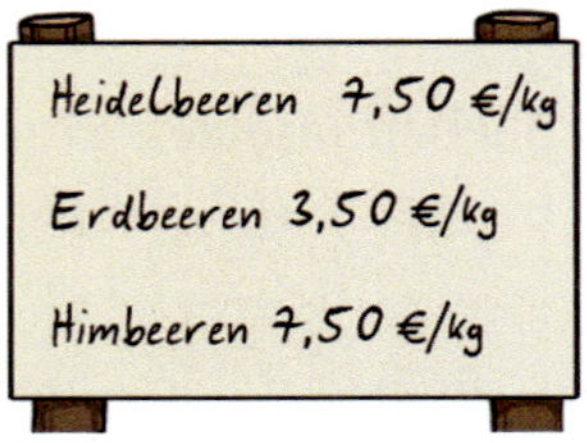

Antwort: ______________________________

3 Die Klasse 10 b plant eine dreitägige Abschlussfahrt. Für Unterkunft und Verpflegung kalkulieren die Jugendlichen 735 €. Die Fahrt kostet insgesamt 225 €. Wie viel muss jeder bezahlen, wenn alle 15 Schülerinnen und Schüler mitfahren?

Antwort: ______________________________

4 Ole bekommt monatlich 50 € Taschengeld. Seine beiden kleinen Schwestern bekommen wöchentlich je 5 €. Wie viel Geld geben die Eltern im Jahr für Taschengeld aus?

Antwort: ______________________________

5 a) Formuliere zu folgenden Angaben eine realistische Sachaufgabe.

40 € | 3 Freunde | Kinokarte je 8,50 € | Getränke für 2 Freunde

____

____

____

b) Notiere die passende Rechenaufgabe.

c) Berechne.

d) Welche Rechenregel oder welches Rechengesetz hast du angewendet?

____

▸ Seiten 8/9

Eignungstest (1)

1 Setze die Reihe sinnvoll fort.

a) 5 10 15 20 ____ ____ ____ ____

b) 3 8 5 10 ____ ____ ____ ____

c) $\frac{1}{2}$ $\frac{2}{4}$ $\frac{3}{8}$ $\frac{4}{16}$ ____ ____ ____ ____

d) 92 82 73 65 ____ ____ ____ ____

2 Aus wie vielen Würfeln besteht das Bauwerk?

a) 

____ Würfel

b) 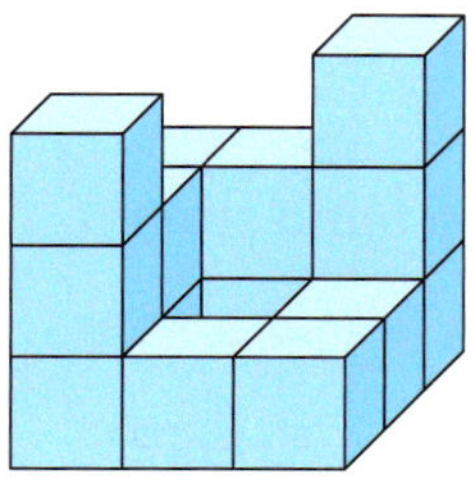

____ Würfel

c) 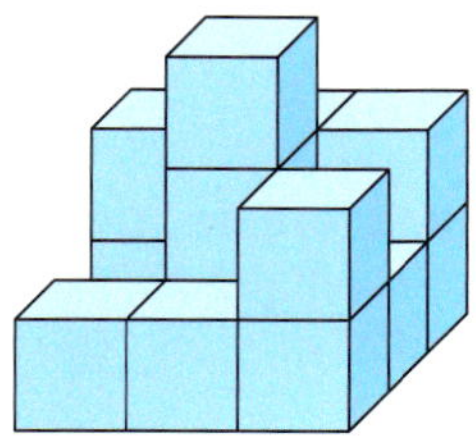

____ Würfel

d) 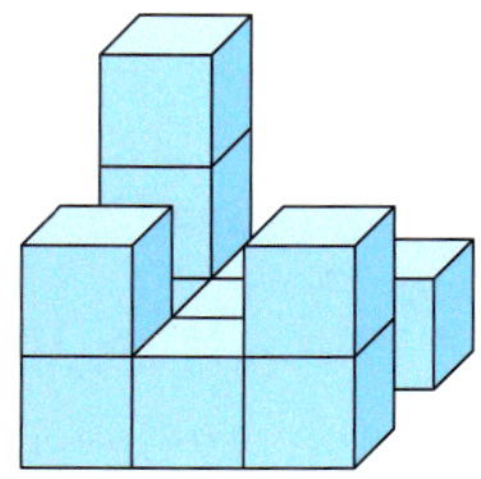

____ Würfel

3 Allgemeinwissen: Kreise die richtige Antwort ein.

a) Was ist das Symbol der Olympischen Spiele?

7 Ringe | 5 verschlungene Ringe | 6 Quadrate | 5 Sterne | Keine Antwort ist richtig.

b) Wann war der Tag der Deutschen Einheit?

9. November 1989 | 3. Oktober 1990 | 3. Oktober 1985 | Keine Antwort ist richtig.

c) Wie heißt der längste Fluss der Erde?

Mekong | Nil | Elbe | Donau | Keine Antwort ist richtig.

4 Berechne.

a) $\frac{2}{8} + \frac{5}{6} =$ ____

$\frac{5}{6} - \frac{4}{9} =$ ____

b) $\frac{4}{7} \cdot \frac{5}{6} =$ ____

$\frac{3}{4} : \frac{9}{10} =$ ____

c) $\frac{3}{5}$ von 150 km = ____

$\frac{2}{9}$ von 360 ml = ____

5 In welche Richtung dreht sich das markierte Zahnrad? Zeichne einen passenden Pfeil ein.

a) 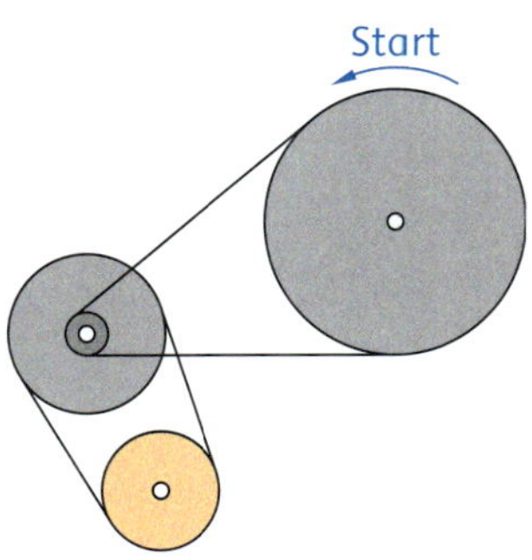

b) 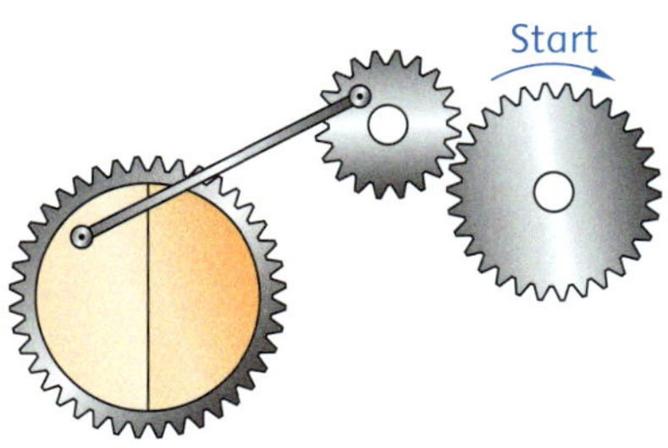

c) 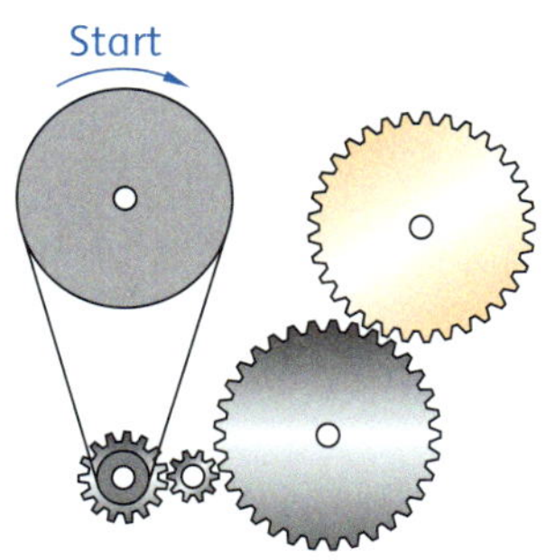

6 Setze die Klammern so, dass das Ergebnis stimmt.

a) 5 + 4 · 3 + 6 = 33

5 + 4 · 3 + 6 = 41

b) 30 : 5 · 2 + 4 = 36

30 : 5 · 2 + 4 = 7

c) 20 − 11 − 5 − 1 = 5

20 − 11 − 5 − 1 = 13

Eignungstest (2)

1 Aus wie vielen Flächen setzt sich die Figur zusammen?

a) 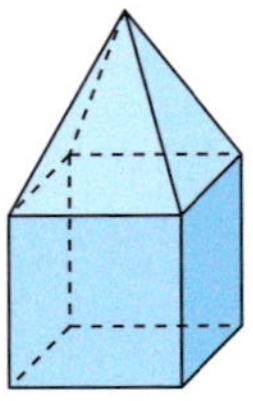

___ Flächen

b) 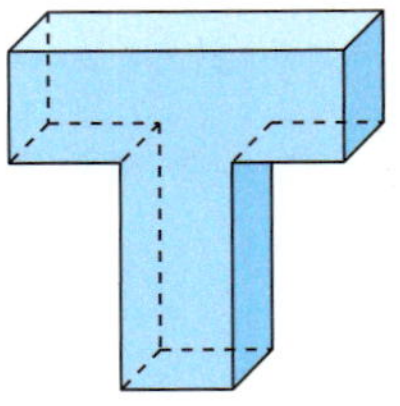

___ Flächen

c) 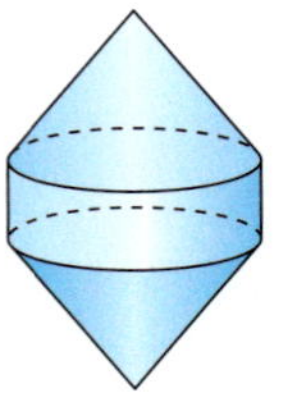

___ Flächen

d) 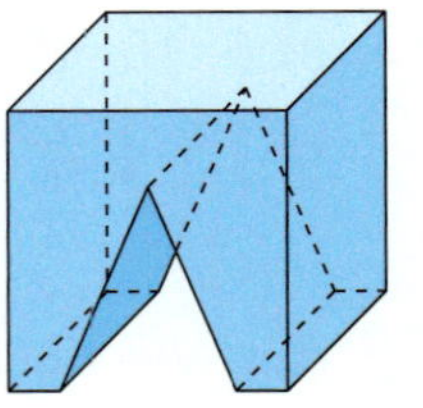

___ Flächen

2 Ergänze die Rechenzeichen so, dass die Gleichung stimmt.

a) 9 ◯ 10 ◯ 5 = 95
19 ◯ 8 ◯ 7 = 34

b) 21 ◯ 5 ◯ 7 = 23
25 ◯ 4 ◯ 25 = 125

c) 35 ◯ 5 ◯ 4 = 28
14 ◯ 12 ◯ 16 = 10

3 Welches Wort passt? Trage ein.

a) Nase : riechen = Ohr : ________ — sehen | hören | schmecken | fühlen

b) Zentimeter : Lineal = Gramm : ________ — Uhr | Geodreieck | Waage | Messbecher

c) plus : Addition = geteilt : ________ — Multiplikation | Subtraktion | Division

d) Herd : Küche = Sofa : ________ — Bad | Wohnzimmer | Flur | Balkon

4 Rechne in die angegebene Maßeinheit um.

a) 850 cm = ____ m
659 ct = ____ € ____ ct

b) 0,538 kg = ____ g
75 min = ____ h ____ min

c) $\frac{3}{4}$ h = ______ min
$\frac{1}{2}$ cm = ______ mm

5 Konzentration: Wie oft findest du die „9“ in der Reihe?

a) 8896833669899633398863333986639968333399696639999998369996338 ____ mal

b) 3366966999369663966699999633393399996636669696693333939333396 ____ mal

c) 666666669969699966669669999969696699966966696669696966696999 ____ mal

6 Bei der Erdbeerernte benötigen 15 Arbeiter 12 Tage für ein Feld. Wie viele Arbeiter werden benötigt, wenn das Feld in 10 Tagen abgeerntet sein soll?

Antwort: ________________________________

____

7 Welche Körper können aus den beiden Faltvorlagen gebildet werden? Kreise ein.

a) 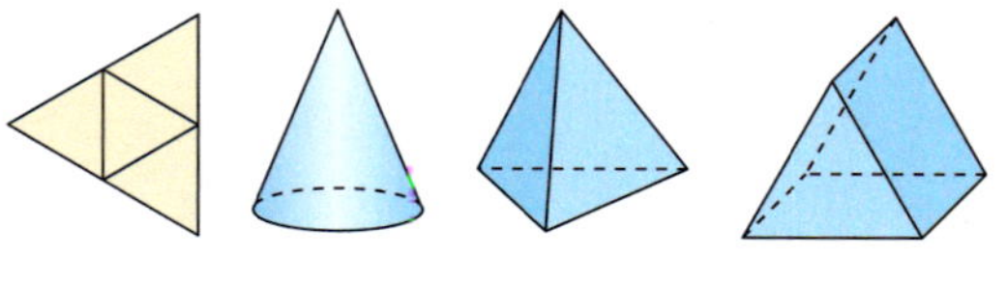

b) 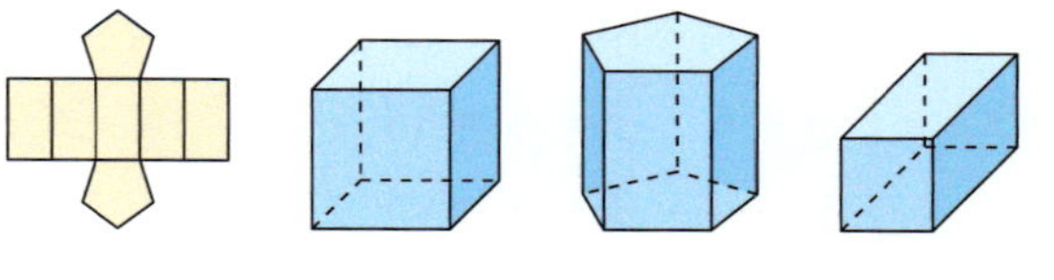

▸ Seiten 10/11

Nach Lösungsplan arbeiten – überbestimmte Aufgaben

Lösungsplan:

1. Ich lese die Aufgabe genau und schreibe die Frage auf.	2. Ich schreibe auf, welche Angaben ich brauche.
3. Ich nutze Rechenhilfen.	4. Ich rechne die Aufgabe aus.
5. Ich überprüfe das Ergebnis.	6. Ich schreibe die Antwort auf.

1 Ina nimmt dreimal in der Woche am Nachmittagsangebot der Schule teil. Sie isst zweimal in der Schulmensa und einmal pro Woche nimmt sie Essen von zu Hause mit. Ein Essen in der Mensa kostet 2,60 €. Ina zahlt immer für zwei Wochen im Voraus. Bearbeite die Schritte eins und zwei des Lösungsplans.

Frage: ______________________________

gegeben: ____________________ gesucht: ____________

2 In Noahs Traumberuf gibt es durchschnittlich drei Bewerber für einen Ausbildungsplatz. Noah hat insgesamt 24 Bewerbungen geschrieben. Er nimmt an, dass er auf $\frac{1}{6}$ seiner Bewerbungen keine Antwort erhalten wird. Auf acht Bewerbungen hat er bisher eine Absage erhalten. Dreimal hat er eine Einladung zum Vorstellungsgespräch bekommen. Berechne, wie viele Antworten Noah noch erwartet.

Frage: ______________________________

gegeben: ____________________ gesucht: ____________

Antwort: ______________________________

3 Beim Schulfest übernimmt die Klasse 10 den Waffelstand. Die Klasse teilt die Arbeit so auf, dass von den 15 Schülerinnen und Schülern immer drei für eine halbe Stunde am Stand gemeinsam Waffeln backen und verkaufen. Im Rezept für 15 Waffeln sind folgende Zutaten angegeben: 200 g Butter, 175 g Zucker, 6 Eier, 350 g Mehl, 350 ml Milch.
Das Fest beginnt um 14:00 Uhr und endet um 19:00 Uhr. Berechne wie lange jeder insgesamt am Stand arbeiten muss. Bearbeite die Aufgabe nach dem Lösungsplan.

Frage: ______________________________

gegeben: ____________________ gesucht: ____________

Antwort: ______________________________

Nach Lösungsplan arbeiten – unterbestimmte Aufgaben

1 Welche Angaben fehlen, um die Aufgaben lösen zu können?

gesucht: A_D

Formel: ___

gegeben: ___

Es fehlt: ___

Skizze

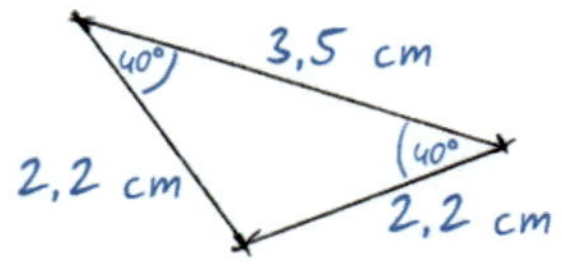

gesucht: A_T

Formel: ___

gegeben: ___

Es fehlt: ___

Skizze

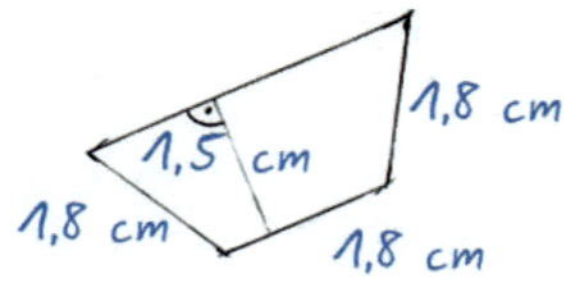

gesucht: β

Formel: ___

gegeben: ___

Es fehlt: ___

Skizze

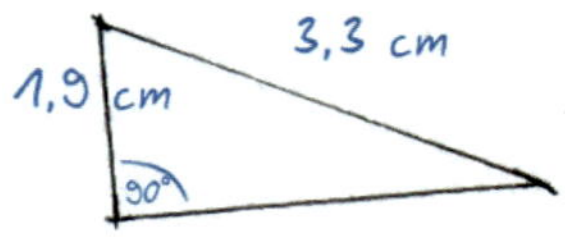

gesucht: V

Formel: ___

gegeben: ___

Es fehlt: ___

Skizze

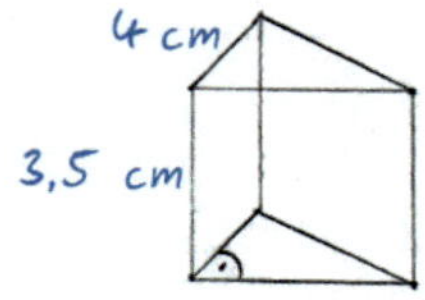

2 Welche Informationen fehlen, um die Aufgaben lösen zu können?

a) Um das Angebot des Schulkiosks zu verbessern, führt die Klasse 10 eine Umfrage durch. Von den Befragten gaben 63 an, regelmäßig am Kiosk einzukaufen. Nur 12 sagten, dass sie dort nie einkaufen würden. Der Rest der Befragten gab an, unregelmäßig am Kiosk einzukaufen. Die Klasse 10 möchte ein Diagramm zur prozentualen Verteilung erstellen.

Es fehlt: ___

b) In den bisherigen Arbeiten hat Ina einen Notendurchschnitt von 2,5.
Welchen Notendurchschnitt erreicht sie, wenn sie in der nächsten Arbeit eine 2 schreibt?

Es fehlt: ___

3 Das Glücksrad wird einmal gedreht. Nur das blaue Feld gewinnt. Berechne die Wahrscheinlichkeit für einen Gewinn. Bestimme fehlende Angaben.

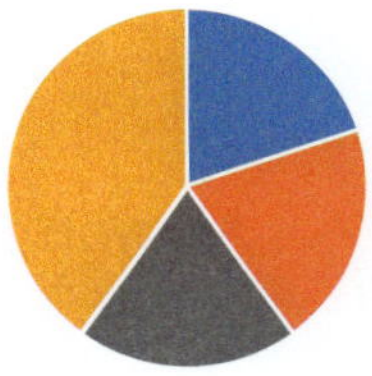

Frage: ___

gegeben: ___

gesucht: ___

Antwort: ___

4 Der römische Kaiser Augustus wurde 63 vor Christus in Rom geboren. Er starb nach Christi Geburt im italienischen Ort Nola. Berechne viele Jahre er gelebt hat. Schreibe deine Rechnung auf. Schätze oder recherchiere fehlende Angaben.

Antwort: ___

▸ Seiten 16/17

Wiederholung: Brüche

1 Wandle in unechte Brüche um.

a) $2\frac{2}{3} =$ b) $4\frac{5}{6} =$ c) $7\frac{3}{4} =$ d) $10\frac{7}{8} =$ e) $5\frac{6}{11} =$

$3\frac{4}{7} =$ $8\frac{3}{5} =$ $2\frac{3}{12} =$ $15\frac{2}{3} =$ $6\frac{4}{7} =$

2 Wandle in gemischte Zahlen um.

a) $\frac{10}{8} =$ b) $\frac{9}{2} =$ c) $\frac{13}{4} =$ d) $\frac{17}{3} =$ e) $\frac{52}{12} =$

$\frac{22}{5} =$ $\frac{40}{9} =$ $\frac{23}{7} =$ $\frac{19}{6} =$ $\frac{38}{13} =$

3 Kürze so weit wie möglich. Wandle das Ergebnis in eine gemischte Zahl um, falls möglich.

a) $\frac{10}{8} = \frac{10 : 2}{8 : 2} = \frac{}{} = \frac{}{}$ b) $\frac{12}{10} =$

c) $\frac{16}{4} =$ d) $\frac{20}{25} =$

e) $\frac{36}{42} =$ f) $\frac{9}{24} =$

4 Mit welcher Zahl wurde erweitert? Ergänze.

a) $\frac{3}{4} = \frac{3 \cdot }{4 \cdot } = \frac{9}{12}$ b) $\frac{6}{9} = \quad = \frac{36}{54}$ c) $\frac{7}{13} = \quad = \frac{28}{52}$

$\frac{2}{7} = \quad = \frac{14}{49}$ $\frac{4}{11} = \quad = \frac{20}{55}$ $\frac{4}{12} = \quad = \frac{32}{96}$

5 Mit welcher Zahl wurde gekürzt? Ergänze.

a) $\frac{6}{9} = \frac{6 : }{9 : } = \frac{2}{3}$ b) $\frac{18}{12} = \quad = \frac{9}{6}$ c) $\frac{64}{48} = \quad = \frac{8}{6}$

$\frac{15}{20} = \quad = \frac{3}{4}$ $\frac{42}{24} = \quad = \frac{7}{4}$ $\frac{28}{84} = \quad = \frac{4}{12}$

▸ Seiten 20/21

Rechnen mit Brüchen

1 Addiere oder subtrahiere die Brüche. Denke daran, dass die Nenner gleich sein müssen.

a) $\frac{2}{4} + \frac{3}{8} = \frac{4 + \square}{8} = \frac{\square}{\square}$ (with $\frac{2}{4}$ expanded to $\frac{4}{8}$)

b) $\frac{7}{5} + \frac{1}{4} =$

c) $\frac{5}{9} - \frac{1}{3} =$

d) $\frac{7}{8} - \frac{2}{3} =$

2 Multipliziere. Achte auf das Kürzen und das Umwandeln.

a) $5 \cdot \frac{3}{4} = \frac{5 \cdot \square}{4} = \frac{\square}{\square} = \square\frac{\square}{\square}$

b) $\frac{2}{3} \cdot \frac{6}{7} = \frac{\square \cdot \square}{\square \cdot \square} =$

c) $\frac{12}{8} \cdot \frac{4}{6} =$

d) $\frac{4}{9} \cdot \frac{18}{20} =$

3 Dividiere. Denke an den Kehrwert. Kürze vor dem Multiplizieren so weit wie möglich.

a) $3 : \frac{6}{8} = \frac{3}{1} : \frac{6}{8} = \frac{3 \cdot \square}{1 \cdot \square} = \frac{\square}{\square}$

b) $6 : \frac{3}{4} =$

c) $\frac{1}{2} : \frac{3}{4} = \frac{1 \cdot 4}{2 \cdot 3} = \frac{\square}{\square}$

d) $\frac{2}{3} : \frac{4}{9} =$

4 Wandle in einen Bruch oder in eine Dezimalzahl um.

a) $\frac{3}{10}$ b) $\frac{34}{10}$ c) $\frac{67}{100}$ d) $\frac{248}{100}$ e) 0,2 f) 3,7 g) 0,05 h) 1,03

▸ Seiten 22/23

Rechnen mit Dezimalzahlen

1 Schreibe stellengerecht untereinander und rechne schriftlich.

a) 34,6 + 128,6 b) 0,452 + 73,4 c) 0,8345 + 83,45 d) 12,03 + 0,312

e) 89,37 − 3,85 f) 73,58 − 0,028 g) 126,03 − 8,013 h) 103,2 − 10,32

12,342 | 73,552 | 73,852 | 84,2845 | 85,52 | 92,88 | 118,17 | 118,017 | 163,2

2 Ergänze die Tabellen.

a)

	· 10	· 100	· 1000
0,25			
3,4			
0,51			
0,003			

b)

	: 10	: 100	: 1000
120,0			
2,45			
35,68			
0,62			

3 Multipliziere schriftlich. Achte auf das Komma. Kontrolliere mit dem Taschenrechner.

a) 1,2 · 7,6 b) 27,3 · 4,9 c) 3,6 · 2,85 d) 4,71 · 63,9

4 Dividiere schriftlich. Kontrolliere mit der Probe.

a) 4 5, 9 : 3 =

b) 2 4, 3 6 : 6 =

▸ Seiten 24/25

Sachaufgaben

1 Lena kauft ein: eine Kiste Apfelsaft für 8,99 €, Brot für 2,49 € und Butter für 1,19 €.

a) Berechne, was Lena bezahlen muss, wenn sie zusätzlich noch Marmelade für 2,19 € kauft.

Antwort: ______________________________

____

b) Lena hat in ihrer Geldbörse drei 5-€-Scheine.
Wie viel Wechselgeld bekommt sie?

Antwort: ______________________________

____

2 Ling-Ling hat Geburtstag und bestellt für sich und ihre Freunde neun ganze Pizzen. Wie viele Personen können insgesamt mitessen, wenn jede Person eine $\frac{3}{4}$ Pizza isst?

Antwort: ______________________________

____

3 In einer Autofabrik werden täglich 1 968 Autos hergestellt.
Berechne, wie viele Fahrzeuge in $2\frac{1}{2}$ Tagen produziert werden.

Antwort: ______________________________

____

4 In der Schule nehmen 240 Schülerinnen und Schüler an einem Projekttag teil. Von den Schülerinnen und Schülern entscheidet sich $\frac{1}{4}$ für Theaterspielen, $\frac{1}{6}$ wählt das Thema „Schulhofgestaltung“, $\frac{1}{8}$ das Thema „Stadtgeschichte“ und $\frac{1}{3}$ möchte im Schulgarten arbeiten. Die restlichen Schülerinnen und Schüler möchten eine Schülerfirma gründen.

Frage: ______________________________

Antwort: ______________________________

▸ Seiten 26–29

Zuordnungen

1 Vervollständige für eine proportionale Zuordnung:

a) Wenn der Wert auf der einen Seite mit 3 multipliziert wird, muss auch der zugeordnete Wert auf der anderen Seite

____

b) Wenn der Wert auf der einen Seite durch 4 dividiert wird, muss auch der zugeordnete Wert auf der anderen Seite

____

	Anzahl Brote	Preis in €	
·3	4	9	
:4	12		
	3		

2 Vervollständige für eine antiproportionale Zuordnung:

a) Wenn der Wert auf der einen Seite mit 3 multipliziert wird, muss der zugeordnete Wert auf der anderen Seite

____

b) Wenn der Wert auf der einen Seite durch 4 dividiert wird, muss der zugeordnete Wert auf der anderen Seite

____

	Anzahl Arbeiter	Anzahl Tage	
·3	4	9	
:4	12		
	3		

3 Entscheide, um welche Zuordnung es sich handelt und berechne die fehlenden Werte.

a) ◯ proportional
◯ antiproportional

Anzahl T-Shirts	Preis in €
2	14
1	
6	

b) ◯ proportional
◯ antiproportional

Anzahl Arbeiter	Anzahl Stunden
2	8
1	
16	

c) ◯ proportional
◯ antiproportional

Menge in kg	Preis in €
5	12
17	

d) ◯ proportional
◯ antiproportional

Anzahl Bagger	Anzahl Tage
3	4
2	

e) ◯ proportional
◯ antiproportional

Fliesen in m^2	Preis in €
2	37,20
7	

f) ◯ proportional
◯ antiproportional

Anzahl Lkw	Zeit in h
3	8
8	

4 Erkläre mit eigenen Worten den Unterschied zwischen einer proportionalen und einer antiproportionalen Zuordnung.

____

____

____

____

____

▸ Seiten 30/31

Der Dreisatz im Beruf und im Alltag (1)

1 800 g Äpfel kosten 1,79 €.
Lena kauft 500 g Äpfel.

○ proportional
○ antiproportional

Frage: ______________________________

____

Antwort: ______________________________

____

2 Der Futtervorrat im Zoo reicht für fünf Elefanten 15 Tage.

○ proportional
○ antiproportional

Wie lange reicht dieser Futtervorrat, wenn ein Elefant hinzukommt?

Antwort: ______________________________

____

3 Insgesamt werden 1 200 Flaschen Apfelsaft in 0,5-l-Flaschen abgefüllt.

○ proportional
○ antiproportional

Wie viele Flaschen wären es, wenn man Flaschen mit einem Fassungsvermögen von 0,75 l verwendet hätte?

Antwort: ______________________________

____

4 Bauer Scheidt beschäftigt 5 Helfer zum Stapeln von Strohballen in der Scheune. Sie benötigen dafür 6 Stunden. Ein Helfer wird krank.

○ proportional
○ antiproportional

Frage: ______________________________

____

Antwort: ______________________________

____

5 Im Freizeitpark möchten sich 7 Schüler zur Erinnerung jeweils ein T-Shirt kaufen. Dafür müssten sie zusammen 98 € zahlen.
Die übrigen 13 Schüler der Klasse möchten sich auch ein T-Shirt kaufen.

○ proportional
○ antiproportional

Frage: ______________________________

____

Antwort: ______________________________

____

▸ Seiten 32/33

Der Dreisatz im Beruf und im Alltag (2)

1 Zuordnungen können auch in einem Koordinatensystem dargestellt werden.

Der Graph einer proportionalen Zuordnung ist eine ______________________

Der Graph einer antiproportionalen Zuordnung ist eine ______________________

Entscheide zuerst, welche Zuordnung vorliegt:
proportional, antiproportional oder nicht proportional?
Schreibe unter den Graphen. Schreibe bei A und C dazu, wie der Graph bezeichnet wird.

A
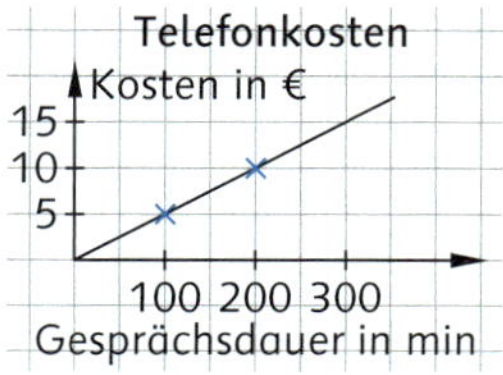

B
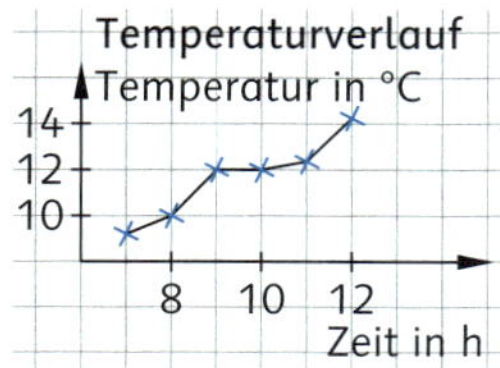

C
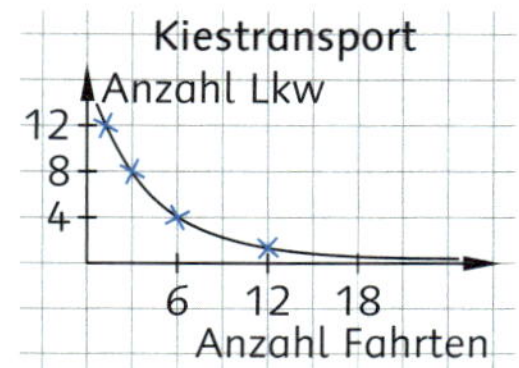

Zuordnung ist … ______________ ______________ ______________

Graph ist eine … ______________ ______________ ______________

2 Der Nahrungsmittelvorrat reicht für 5 Personen 8 Tage lang. Wie lange reicht er für 4, 8, 10 Personen? Vervollständige die Zuordnungstabelle und zeichne den Graphen.

Nahrungsmittel-vorrat

Anzahl Personen	Anzahl Tage
1	
4	
5	8
8	
10	

3 Drei Packungen Fußballbilder kosten 2,10 €. Wie viel muss Juri für 4, 5, 6 Packungen bezahlen? Vervollständige die Zuordnungstabelle und zeichne den Graphen.

Fußballbilder

Anzahl Packungen	Preis in €
1	
3	2,10
4	
5	
6	

4 Beschreibe mit eigenen Worten den Unterschied zwischen den beiden Graphen.

____

____

▸ Seiten 32/33

Potenzen und Wurzeln (1)

1 Ergänze die fehlenden Zahlen.

a) $\sqrt{\_\_\_} = 4$, denn $4^2 = \_\_\_$

b) $\sqrt{64} = \_\_\_$, denn $\_\_\_^2 = 64$

c) $\sqrt{121} = \_\_\_$, denn $\_\_\_^2 = 121$

d) $\sqrt{\_\_\_} = 9$, denn $9^2 = \_\_\_$

2 Berechne jeweils die Seitenlänge des Quadrats.

a) $A = 36\,\text{mm}^2$

b) $A = 0{,}16\ \text{dm}^2$

3 Ergänze die fehlenden Zahlen.

a) $\sqrt[3]{\_\_\_} = 2$, denn $2^3 = \_\_\_$

b) $\sqrt[3]{27} = \_\_\_$, denn $\_\_\_^3 = 27$

c) $\sqrt[3]{1\,000} = \_\_\_$, denn $\_\_\_^3 = 1\,000$

d) $\sqrt[3]{\_\_\_} = 4$, denn $\_\_\_^3 = 64$

4 Berechne jeweils die Kantenlänge des Würfels.

a) $V = 1\,331\,\text{cm}^3$

b) $V = 0{,}125\ \text{km}^3$

5 Auf einer $80\,\text{m}^2$ großen Terrasse sollen quadratische Platten verlegt werden. Eine Platte hat eine Kantenlänge von 25 cm. Wie viele Platten werden benötigt?

Skizze:

6 Ole möchte einen würfelförmigen Hocker aus einzelnen kleinen Würfeln zusammenbauen. Die kleinen Würfel haben eine Kantenlänge von 15 cm. Der Hocker soll eine Höhe von 75 cm haben. Wie viele kleine Würfel muss Ole bestellen?

Skizze:

▸ Seiten 40/41

Potenzen und Wurzeln (2)

1 Schreibe als Potenz.

a) $7 \cdot 7 \cdot 7 \cdot 7 \cdot 7 \cdot 7 \cdot 7 =$ ______ b) $290 \cdot 290 \cdot 290 \cdot 290 =$ ______

c) $0{,}04 \cdot 0{,}04 \cdot 0{,}04 =$ ______ d) $\frac{3}{8} \cdot \frac{3}{8} \cdot \frac{3}{8} \cdot \frac{3}{8} \cdot \frac{3}{8} =$ ______

2 Schreibe als Multiplikationsaufgabe und berechne das Produkt.

a) $8^5 =$ ______ b) $2^7 =$ ______

c) $0{,}3^3 =$ ______ d) $10^4 =$ ______

3 Schreibe zuerst als Multiplikationsaufgabe mit gleichen Faktoren und danach als Potenz.

a) $81 =$ ______ b) $64 =$ ______

c) $144 =$ ______ d) $125 =$ ______

4 Ergänze. Grundzahlen multipliziert subtrahiert dividiert addiert Hochzahlen multipliziert dividiert dividiert Hochzahlen multipliziert Grundzahlen

Potenzgesetze

a) Potenzen mit gleicher Grundzahl werden ______,
indem man die ______ ______.

b) Potenzen mit verschiedenen Grundzahlen werden ______,
indem man die ______ ______.

c) Potenzen mit gleicher Grundzahl werden ______,
indem man die ______ ______.

d) Potenzen mit verschiedenen Grundzahlen werden ______,
indem man die ______ ______.

5 Rechne mit Hilfe der Potenzgesetze im Kopf. Schreibe das Ergebnis als Potenz.

a) $8^5 \cdot 8^3 =$ ______ b) $12^{10} : 4^{10} =$ ______

c) $100^9 : 100^4 =$ ______ d) $2^6 \cdot 3^6 =$ ______

e) $1\,500^6 \cdot 1\,500^2 =$ ______ f) $140^8 : 70^8 =$ ______

6 Schreibe als natürliche Zahl. Achte auf das Komma.

a) $5{,}7 \cdot 10^2 =$ ______ b) $9{,}1 \cdot 10^{-3} =$ ______

c) $4{,}32 \cdot 10^5 =$ ______ d) $6{,}85 \cdot 10^{-4} =$ ______

7 Schreibe als Zehnerpotenz.

a) $20\,000 =$ ______ b) $740\,000\,000 =$ ______

c) $0{,}083 =$ ______ d) $0{,}00096 =$ ______

▸ Seiten 42/43

Wiedergrholung: Größen

1 Mit welchen Messgeräten ermittelst du die folgenden Größenangaben? Ordne zu und notiere.

a) Zeit für einen 800-m-Lauf ____________________

b) Spieldauer einer DVD ____________________

c) Gewicht eines Menschen ____________________

d) Höhe eines Schranks ____________________

e) Länge eines Zimmers ____________________

f) Gewicht eines Brötchens ____________________

g) Zeichnungen im Heft ____________________

Maßband
Personenwaage
Lineal
Küchenwaage
Stoppuhr
Zollstock*
Armbanduhr

2 Welche Maßeinheiten sind jeweils sinnvoll? Manchmal gibt es auch mehrere Möglichkeiten. Begründe.

a) Entfernung Berlin – New York ____________________

b) Länge und Breite eines Heftumschlages ____________________

c) Entfernung Erde – Sonne ____________________

d) Längenangaben in einer Bauanleitung für Möbel ____________________

e) Gewicht eines Schulheftes ____________________

f) Gewicht eines Lkw ____________________

g) Zeit für einen 100-Meter-Lauf ____________________

h) Zeit, die das Licht braucht, um von der Sonne zur Erde zu gelangen ____________________

3 Wandle die folgenden Größen in die vorgegebene Einheit um.

a)	56 km	84 dm	280 cm	0,52 km
in m:	______	______	______	______
b)	0,7 t	6 kg 5 g	370 g	35 000 g
in kg:	______	______	______	______
c)	0,4 l	2 l 350 ml	4,45 l	1 500 l
in ml:	______	______	______	______
d)	1 200 dm^2	26 km^2	330 dm^2	82 000 cm^2
in m^2:	______	______	______	______
e)	2400 s	4,5 Tage	5 Wochen	240 min
in h:	______	______	______	______

*Gliedermaßstab

▸ Seiten 44/45

Mit Größen rechnen

1 Gib das Ergebnis in kg und g an.

a) 55 t + 444 kg + 3 333 g + 22 000 mg b) 63 t + 385 kg + 3 896 g + 258 mg

2 Gib das Ergebnis in km und m an.

a) 400 km + 123 m + 44 cm + 13 mm b) 650 m – 15 dm + 26 cm – 157 mm

3 Ein Zimmer ist 4,10 m lang. Die Einzelteile eines Regalsystems sind 85 cm breit. Aus wie vielen Teilen kann man ein ins Zimmer passendes Regal zusammensetzen?

Antwort: ______________________________

4 Eine Dose wiegt leer 650 g. Gefüllt mit Nägeln wiegt die Dose 1,27 kg. Ein Nagel wiegt ungefähr 4 g. Wie viele Nägel sind in der Dose?

Antwort: ______________________________

5 Ein Zug fährt um 8:21 Uhr in Saarbrücken los und kommt nach 4 Stunden und 53 Minuten in Düsseldorf an. Wie spät ist es dann?

Antwort: ______________________________

► Seiten 46/47

Wiederholung: Flächeninhalt

Berechne in den Aufgaben **1** bis **3** jeweils den Flächeninhalt. Markiere die Grundseite und zeichne die zugehörige Höhe ein. Miss danach die benötigten Strecken aus. Nutze die richtige Formel.

1

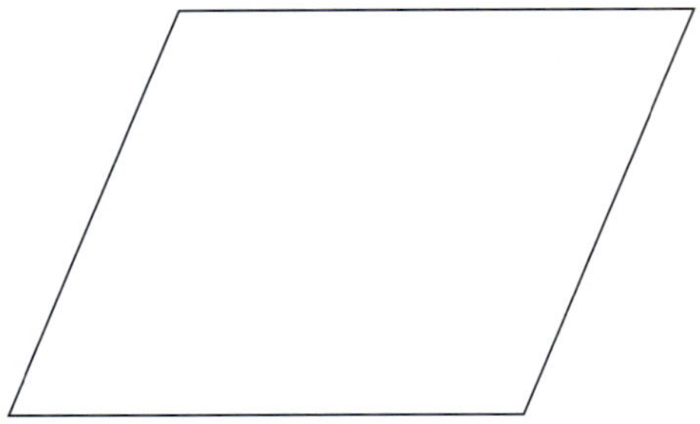

2

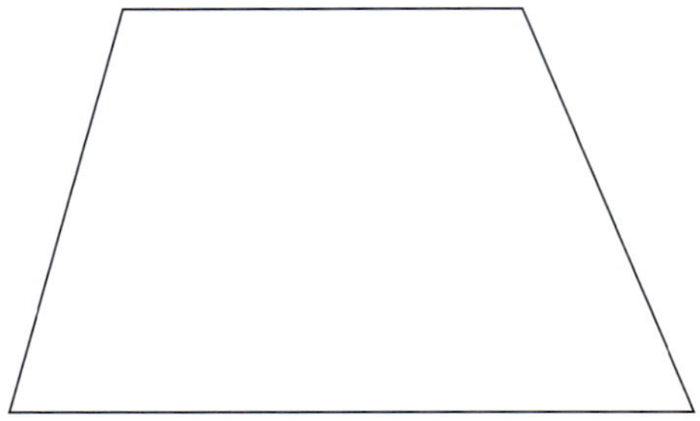

3

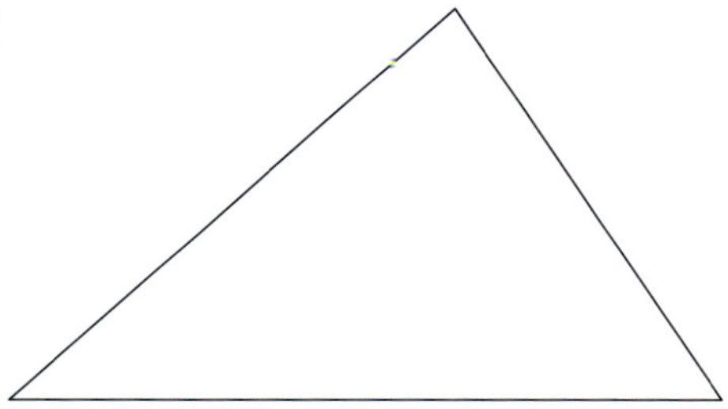

4 Der Durchmesser des Kreises ist 8 cm. Berechne den Flächeninhalt der weißen Fläche.

▸ Seiten 54/55

Zusammengesetzte Flächen

Berechne den Flächeninhalt. Zeichne zuerst ein, wie du die Fläche zur Berechnung unterteilt hast. Kennzeichne danach die Grundseiten und Höhen.

1

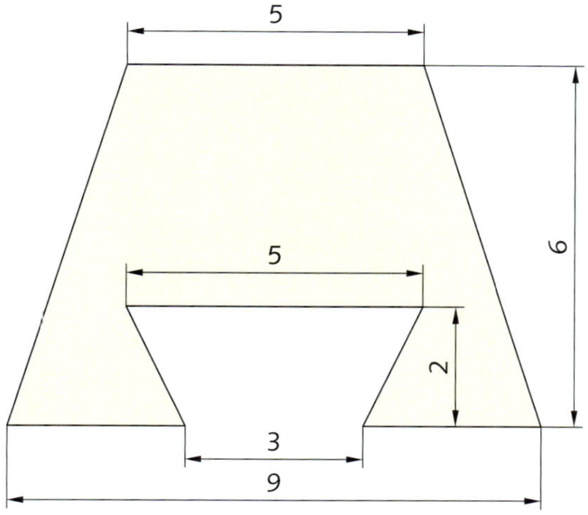

Alle Angaben in m

2

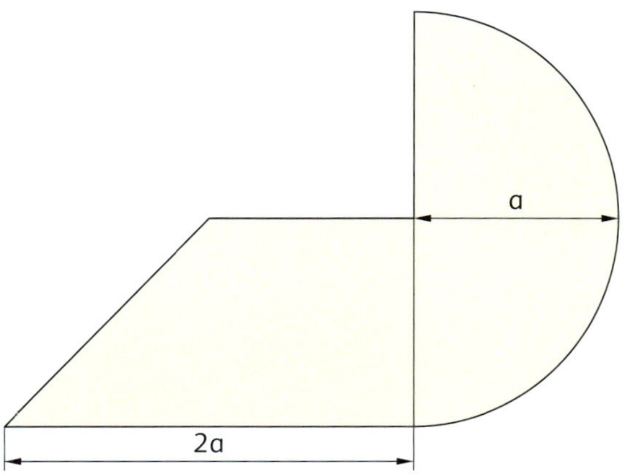

a = 3 cm

Wiederholung: Der Satz des Pythagoras

1 Berechne den Umfang der Figur. Runde dabei die Zwischenergebnisse auf eine Stelle hinter dem Komma.

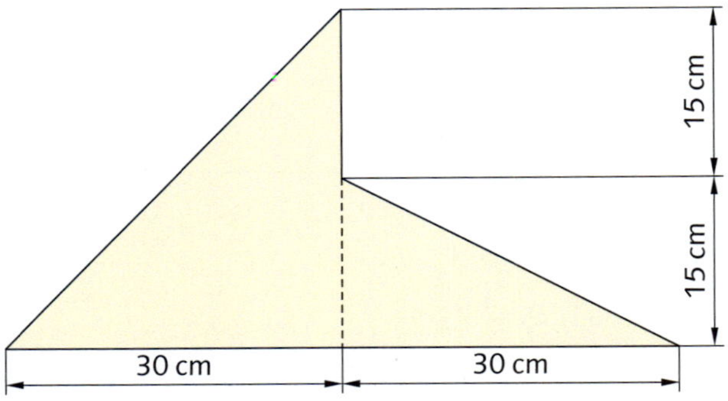

2 Eine Leiter ist 5 m lang. Sie steht an einer Wand. Diese Wand ist genauso hoch, wie die Leiter lang ist.
Wie viel m steht das untere Ende der Leiter von der Wand entfernt, wenn das obere Ende der Leiter die Wand 1 m unter der Oberkante berührt? Fertige zuerst eine Skizze an.

Skizze:

► Seite 60

Grundrisse verstehen und zeichnen

1 Setze passend ein: Maßeinheiten | Maß in der Abbildung | derselben Maßeinheit | Maß in der Wirklichkeit | Verhältnis

Der Maßstab ist das ____________ zwischen dem ____________

____________ und dem ____________.

Bei der Angabe eines Maßstabs werden keine ____________ verwendet.

Um den Maßstab anwenden zu können, müssen die Maßzahlen in ____________

____________ eingesetzt werden.

2 Kreuze die richtigen Antworten an. Was bedeutet der Maßstab 1 : 125?

- ◯ 1 m in der Abbildung entspricht 125 m in der Wirklichkeit.
- ◯ 1 m in der Wirklichkeit entspricht 125 m in der Abbildung.
- ◯ 1 m in der Wirklichkeit entspricht 125 cm in der Abbildung.
- ◯ 1 cm in der Abbildung entspricht 125 cm in der Wirklichkeit.

3 In der Grundrisszeichnung einer Wohnung, die im Maßstab 1 : 20 gezeichnet wurde, ist der Flur 30 cm lang und 10 cm breit. Welche Maße hat der Flur in der Wirklichkeit?

Länge: Maßstab ______

Abbildung in ______	Wirklichkeit in ______
1	

Breite: Maßstab ______

Abbildung in ______	Wirklichkeit in ______
1	

Antwort: ____________

4 Bei einer Wohnungsbesichtigung wird ein Zimmer mit den Maßen 3,5 m × 4 m ausgemessen. Wie groß muss das Zimmer im Maßstab 1 : 50 gezeichnet werden?

Länge: Maßstab ______

Abbildung in ______	Wirklichkeit in ______

Breite:

Antwort: ____________

____

5 Wie verändert sich die Grundrisszeichnung aus Aufgabe **4**, wenn anstelle des Maßstabs 1 : 50 der Maßstab 1 : 100 verwendet wird?

- ◯ Die Zeichnung bleibt gleich.
- ◯ Die Zeichnung wird kleiner.
- ◯ Die Zeichnung wird größer.

Erkläre: ____________

____

Wohn- und Renovierungskosten berechnen

1 Familie Backenhaus sucht eine Wohnung mit etwa 80 m². Sie vergleicht zwei Angebote: eine Wohnung in der Stierstraße mit 76 m² Wohnfläche und eine im Juliusweg mit 84 m².

Berechne den Unterschied zwischen den beiden Kaltmieten nach dem Mietspiegel.

Mietspiegel

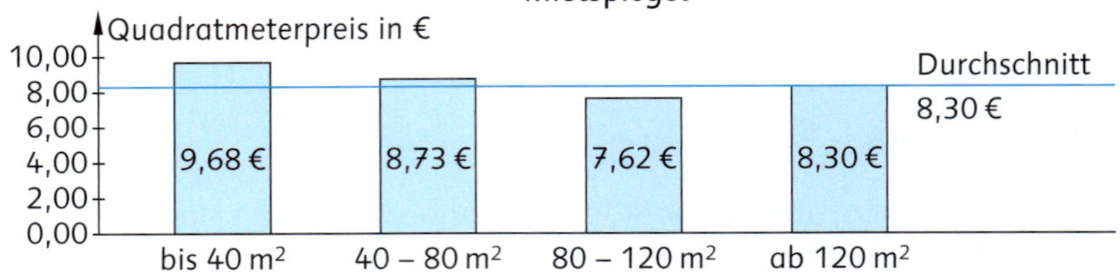

Antwort: ______________________________

____

2 Frau Husmann kontrolliert ihren Stromverbrauch. Insgesamt hat sie in diesem Jahr 780,08 € gezahlt.

Grundpreis:	92,82 € pro Jahr
Verbrauchspreis:	26,70 ct pro kWh

a) Wie viel kWh Strom hat Frau Husmann in diesem Jahr verbraucht? Runde sinnvoll.

Antwort: ______________________________

____

b) Der Strompreis steigt im nächsten Jahr um 3,6 ct pro kWh. Wie viel wird Frau Husmann bei gleichem Stromverbrauch im nächsten Jahr mehr zahlen müssen?

Antwort: ______________________________

____

▸ Seiten 64/65

Einrichtungskosten berechnen

1 Vom ersten selbst verdienten Geld als Fachlagerist will Max sich Möbel kaufen. Er sucht nach Angeboten in einem Möbelhaus. Beim Durchsehen der Angebote notiert er sich die Preise der Möbel, die ihn interessieren. Insgesamt will Max höchstens 600 € ausgeben.

Teppich 49 €
Kleiderschrank 127 €
Tisch 79 €
Schlafsofa 289 €

a) Kommt Max mit seinem Geld aus? Überschlage. Schreibe deine Überschlagsrechnung auf.

Antwort: ______________________

____

b) Rechne schriftlich nach. Stimmt deine Überschlagsrechnung?

Antwort: ______________________

____

c) Das Möbelhaus bietet 5 % Rabatt bei Sofortzahlung. Wie viel kostet der Einkauf, wenn Max sofort zahlt?

Antwort: ______________________

2 Mit ihrer Mutter handelt Greta den Kaufpreis für einen gebrauchten Kleiderschrank von 179 € auf 160 € herunter. Für den Transport leihen sie sich einen Anhänger für 21 €. Der Neupreis des Kleiderschranks beträgt 349 € inklusive Transport. Wie viel Prozent vom Neupreis zahlt Greta?

Antwort: ______________________

____

▸ Seiten 66/67

Prozentwert W, Prozentsatz p % und Grundwert G

1 Berechne den Prozentwert. Nutze den Taschenrechner.

a) Mädchen der 10 b

Prozentsatz p %	Anzahl Schüler
100	20
1	$\frac{20}{100}$
35	

b) 28 % von 450 €

$W = \frac{G \cdot p}{100}$

W =

W =

c) 74 % von 300 cm

2 Berechne den Prozentsatz. Nutze den Taschenrechner.

a) Anteil Zucker

Menge in g	Prozentsatz p %
280	100
1	$\frac{100}{280}$
14	

b) 32 € von 256 €

$p = \frac{W \cdot 100}{G}$

p =

p =

c) 18 min von 72 min

3 Berechne den Grundwert. Nutze den Taschenrechner.

a) Gesamtgewicht

Prozentsatz p %	Gewicht in kg
45	135
1	$\frac{135}{45}$
100	

b) 75 % sind 495 €.

$G = \frac{W \cdot 100}{p}$

G =

G =

c) 20 % sind 88 m^2.

4 Was ist gesucht? Kreuze an und löse anschließend die Aufgabe.

a) Der Preis einer Vase wird von 30 € um 5 % gesenkt.

○ W ○ p % ○ G

geg.:

b) Eine Jacke kostete 125 €. Nun kostet sie noch 75 €.

○ W ○ p % ○ G

c) Ein Laptop kostet 240 €. Das sind noch 60 % vom alten Preis.

○ W ○ p % ○ G

► Seiten 72–74

Mehrwertsteuer

1 Ole hilft im Modestübchen aus. Er soll 19 % Mehrwertsteuer auf die folgenden Nettopreise rechnen. Kontrolliere sein Ergebnis. Hat er immer richtig gerechnet?

a) Jeans: Nettopreis: 60,00 € Bruttopreis: 71,40 €
b) T-Shirt: Nettopreis: 24,00 € Bruttopreis: 28,65 €
c) Blazer: Nettopreis: 55,00 € Bruttopreis: 65,45 €

2 In den folgenden Bruttopreisen ist die Mehrwertsteuer von 19 % bereits enthalten. Berechne die Mehrwertsteuer und den Nettopreis.

a) Mantel: 95,20 €

Mehrwertsteuer: ________

Nettopreis: ________

b) Pralinen: 8,33 €

Mehrwertsteuer: ________

Nettopreis: ________

c) Teekanne: 29,75 €

Mehrwertsteuer: ________

Nettopreis: ________

3 Herr Lenz kauft für sein Restaurant 40 Teller und 20 Weingläser. Der Nettopreis beträgt pro Teller 1,20 € und pro Weinglas 2,40 €. Bei Barzahlung erhält er einen Preisnachlass von 2 %. Berechne den Nettorechnungsbetrag, den Bruttorechungsbetrag und ziehe anschließend 2 % Preisnachlass ab. Wie viel muss er zahlen?

Antwort: ________________________________

____

► Seite 75

Vermehrter und verminderter Grundwert

1 Vermehrter oder verminderter Grundwert? Kreuze an.

		vermehrter Grundwert	verminderter Grundwert
a)	Tom erhält eine Gehaltserhöhung von 3 %.		
b)	Frida ist um 5 % gewachsen.		
c)	15 % Rabatt auf alle Winterjacken.		
d)	Die Gasrechnung ist um 4,8 % gestiegen.		

2 Ergänze die Tabelle. Nutze den Taschenrechner.

	Grundwert	Zunahme/Abnahme in %	Prozentfaktor	neuer Grundwert
a)	100 €	+5 %		
b)	250 €		0,8	
c)	70 €	−30 %		
d)	2 850 €		1,12	
e)	30 500 €		0,95	
f)	560 €	−2,5 %		

3 Berechne den neuen Grundwert. Entscheide vorher, ob es sich um einen vermehrten oder verminderten Grundwert handelt.

a) Ein neuer Drucker kostet 129 €. Aktuell gibt es 25 % Rabatt auf Drucker.

- ◯ vermehrter Grundwert
- ◯ verminderter Grundwert

Frage: ____________________

____

____

Antwort: ____________________

____

____

b) Der Preis für 1 l Motoröl ist um 6 % gestiegen. Der alte Preis lag bei 38 €.

- ◯ vermehrter Grundwert
- ◯ verminderter Grundwert

Frage: ____________________

____

____

Antwort: ____________________

____

____

c) Das Internetpaket eines Anbieters kostete 15 €. Nun gewährt er 12 % Rabatt.

- ◯ vermehrter Grundwert
- ◯ verminderter Grundwert

Frage: ____________________

____

____

Antwort: ____________________

____

____

▸ Seite 76

Löhne in verschiedenen Ausbildungsgängen und Berufen

Jonas ist Gerüstbauer und verdient 2 232 € brutto im Monat bei einer 40-Stunden-Woche. Pro Monat arbeitet er durchschnittlich 20 Tage.

1 a) Wie hoch ist der Stundenlohn von Jonas?

b) Wie viel verdient Jonas in einer Woche?

c) Wie viel verdient Jonas in einem Jahr?

d) Wie hoch ist sein Tagesverdienst, wenn er 24 Tage Urlaub im Jahr hat?

2 Jonas bekommt eine Gehaltserhöhung von 2,5 % auf sein Jahreseinkommen. Wie viel verdient er anschließend im Jahr (pro Monat)?

Antwort: ______________________

____

____

3 Das Gehalt von Jonas wird ab Ende Juni um 2,5 % erhöht. Wie viel verdient er im ganzen Jahr?

Antwort: ______________________

____

____

4 Jonas erhält Ende Juni eine Gehaltserhöhung von 4 %. Verdient er im ganzen Jahr nun besser oder schlechter als mit einer Gehaltserhöhung von 2,5 % im Januar?

Antwort: ______________________

____

____

▸ Seiten 80/81

Bruttolohn und Nettolohn

1 Lea macht eine Ausbildung zur Fachkraft für Automatenservice. Sie ist im 2. Lehrjahr. Der Geselle Jens, ein Arbeitskollege, hat bereits seit 3 Jahren ausgelernt. Lea möchte wissen, wie sich nach ihrer Ausbildung ihre Sozialabgaben verändern. Berechne die jeweiligen Abgaben der beiden und vergleiche sie. Was kannst du feststellen?

Ausbildungsvergütung und Gehalt pro Monat	Lea: 550 € brutto	Jens: 1700 € brutto
Krankenversicherung (8,2 %)		
Pflegeversicherung (1,025 %)		
Rentenversicherung (9,45 %)		
Arbeitslosenversicherung (1,5 %)		

Antwort: ______________________________

2 Leas Bruder hat eine Ausbildung zum Bäcker begonnen (Ausbildungsvergütung: 430 € brutto/Monat). Leas Mutter hat einen 400-€-Job und zahlt keine Sozialabgaben. Der Vater arbeitet als Gebäudereiniger (Gehalt: 2044 € brutto/Monat) 40 Stunden pro Woche.

a) Wie viel verdient die Familie brutto im Monat (im Jahr) insgesamt?

b) Wie hoch sind ihre monatlichen Sozialabgaben insgesamt?
Nutze die Prozentangaben aus Aufgabe **1**.

▸ Seite 82

Staatliche Zuschüsse und Hilfen

1 Die beiden Azubis Jens und Marvin wollen ihre Wohngemeinschaft auflösen. Einer von ihnen würde die Wohnung gerne übernehmen. Jens verdient im 3. Lehrjahr 1 118 € netto und Marvin im 2. Lehrjahr 745 € netto. Zusätzlich bekommt Marvin noch 68 € Ausbildungshilfe, 45 € Wohngeld und sein Kindergeld in Höhe von 184 €. Die Warmmiete für die Wohnung beträgt 579 €.

a) Wer von beiden könnte sich die Wohnung eher leisten?

Antwort: ______________________________

____

b) Welche weiteren Kosten müssen berücksichtigt werden? Wem von beiden würdest du die Wohnung empfehlen? Begründe.

Antwort: ______________________________

____

____

2 Justin ist Maler und Lackierer im 2. Lehrjahr. Er bekommt eine Ausbildungsvergütung von 550 € brutto im Monat. Des Weiteren erhält er 72 € Ausbildungshilfe, 53 € Wohngeld und sein Kindergeld in Höhe von 190 €. Sein Freund Tom arbeitet als ungelernte Kraft und verdient 1 100 € brutto im Monat.

a) Auf seine Ausbildungsvergütung muss Justin noch Sozialabgaben zahlen. Wie viel Geld hat Justin pro Monat zur Verfügung? Nutze die Werte aus Aufgabe **1**, Seite 28.

b) Auf sein Gehalt muss Tom neben den Sozialabgaben noch 19,66 € Lohnsteuer und 1,77 € Kirchensteuer zahlen. Wie viel Geld hat Tom pro Monat zur Verfügung? Rechne mit den Prozentangaben aus Aufgabe **1**, Seite 28.

▸ Seite 83

Terme

1 Schreibe die Sätze zur Vereinfachung von Termen in der richtigen Reihenfolge auf.

Ich ordne. 1. ____________________

Ich fasse zusammen. 2. ____________________

Ich markiere die gleichen Variablen farbig. 3. ____________________

2 Vereinfache die Terme.

a) $2a + 3b + a + 5b + 4a$

b) $x + 3y + 7x + 2y - 4x + z$

3 Verbinde jeweils mit den passenden Termen. Ein Term bleibt übrig.

das Sechsfache einer Zahl

eine Zahl vermindert um 8

die Summe von 4 und einer Zahl

Eine Zahl wird halbiert.

$x - 8$ | $4 - a$ | $\frac{b}{2}$ | $4 + c$ | $y : 2$ | $6a$

4 Löse die Klammern auf und fasse zusammen.

a) $(3 + y) \cdot 4$ b) $5 \cdot (6 + 2a)$ c) $4c \cdot (7 + h)$

5 Klammere aus. Beispiel: $4x + 4y = 4 \cdot (x + y)$

a) $2a + 2b$ b) $6a + 12$ c) $2x + 4u$

6 Gib jeweils einen Term zur Berechnung des Umfangs an. Berechne danach den Umfang, wenn a = 3 cm und b = 4 cm ist.

Beispiel:

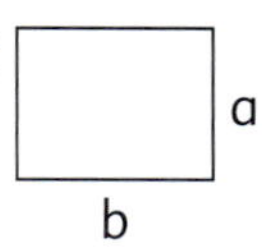

$u = a + a + b + b$
$= 2a + 2b$

a)

b)

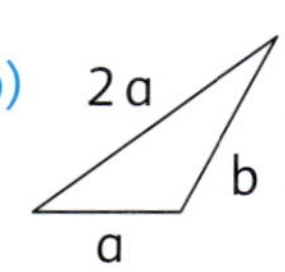

▸ Seiten 88/89

Gleichungen umformen und lösen

1 Notiere zu jedem Schritt die passende Umformung der Gleichung.
Notiere die Rechnung jeweils hinter dem Aufforderungsstrich. Löse die Gleichung.

1. 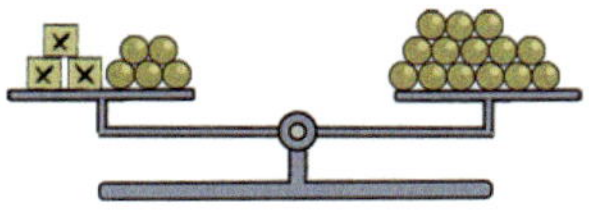

2. 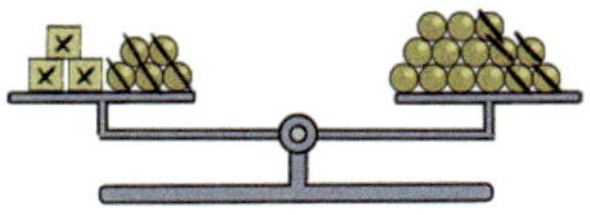

3. 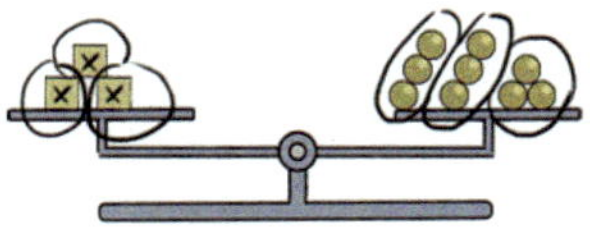

4. 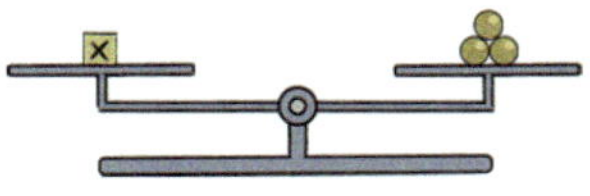

2 Löse die Gleichung. Notiere die Rechnung jeweils hinter dem Aufforderungsstrich.
Kontrolliere anschließend mit der Probe.

a) Rechnung: $4x - 3 = 17$

Probe: $4 \cdot x - 3 = 17$

b) $8 + 6x = 50$

c) $7x - 5 = 4 + 4x$

Beispiel:

$3x = 21 \quad | : 3$
$x = 7$

Probe:

$3 \cdot x = 21$
$3 \cdot 7 = 21$
$21 = 21$

Ich setze den Wert für die Variable in die Gleichung ein.

3 Zeichne eine passende Waage. Löse die Gleichung. Kontrolliere mit der Probe.

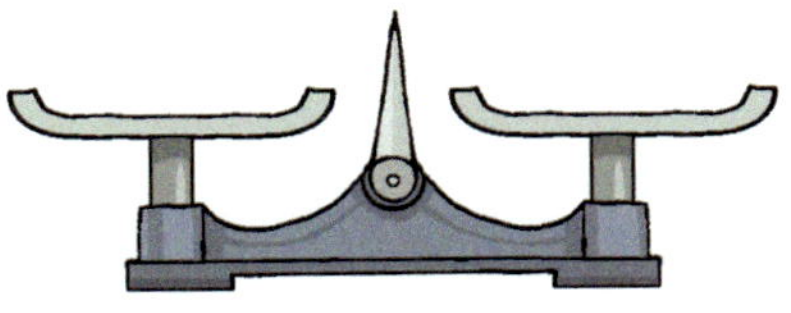

Rechnung: $2x + 3 = 7$

Probe:

Sachaufgaben

1 Wie heißt die Zahl? Stelle jeweils eine Gleichung auf und löse sie.

a) Ich denke mir eine Zahl, multipliziere sie mit 5, addiere 2 und erhalte 27.

b) Ich denke mir eine Zahl und addiere 7. Das Ergebnis ist gleich dem Dreifachen dieser Zahl vermindert um 5.

2 Wie schwer ist ein Sack Kartoffeln? Stelle eine Gleichung auf und löse sie.

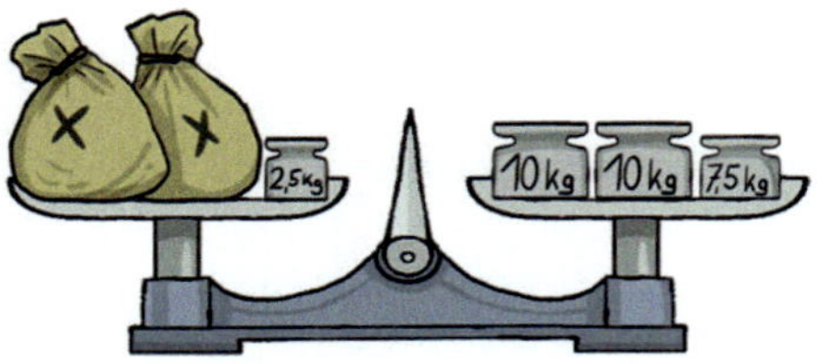

Antwort: ______________________________

3 Ina besitzt einige CDs. Noah hat dreimal so viele CDs wie Ina.
Wenn er sich noch 6 weitere CDs kauft, haben beide zusammen 50 CDs.

Frage: ______________________________

Rechnung:

Probe:

Antwort: ______________________________

4 Die Schachspieler Michael, René und Bastian sind zusammen 78 Jahre alt.
René ist doppelt so alt wie Michael, Bastian dreimal so alt.

Frage: ______________________________

Rechnung:

Probe:

Antwort: ______________________________

▸ Seiten 92/93

Funktionen als spezielle Zuordnungen

1 Mert meldet sich in einem sozialen Netzwerk an. Die Anzahl seiner Freunde ändert sich ständig.

Zeit in Wochen	Anzahl der Freunde
0	0
1	50
2	80
3	100
4	140
5	120
6	160

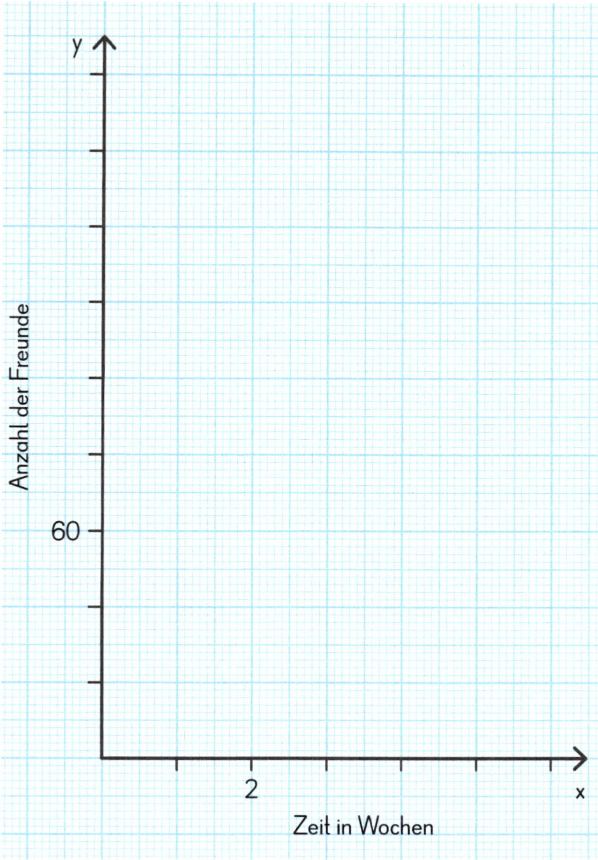

a) Vervollständige die Beschriftung des Koordinatensystems.

b) Zeichne den Graphen der Zuordnung.

c) Wie viele Freunde hat Mert ungefähr nach $2\frac{1}{2}$ Wochen?

Antwort: ______________________

Wie viele Freunde hat Mert ungefähr nach $3\frac{1}{2}$ Wochen?

Antwort: ______________________

d) Wann hat Mert mehr als 200 Freunde?

Antwort: ______________________

2 Jasmin geht shoppen. Sie besucht nacheinander ihre acht Lieblingsläden. Sie hat 500 € zur Verfügung. Ihre Shoppingtour ist als Graph im Koordinatensystem dargestellt.

a) Ergänze die Wertetabelle.

Lieblingsladen	Geld im Geldbeutel
0	

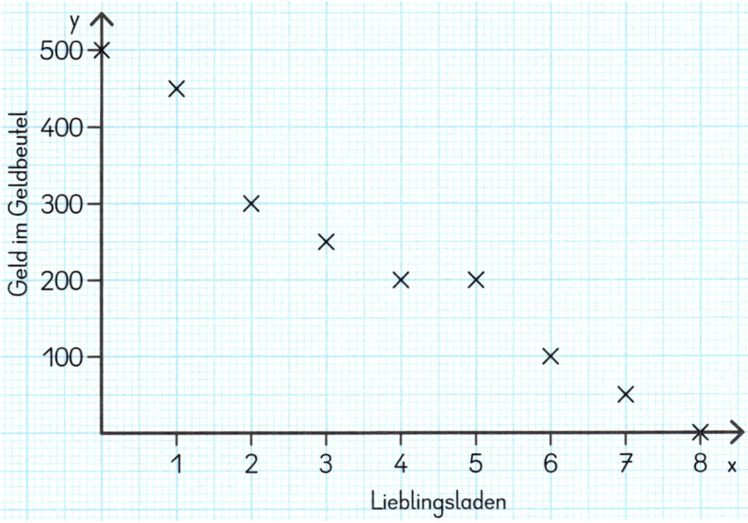

b) Wie viel Geld gibt Jasmin in den ersten drei Läden insgesamt aus?

Antwort: ______________________

c) Wie viel Geld gibt Jasmin in den letzten beiden Läden insgesamt aus?

Antwort: ______________________

Lineare Funktionen

1 Ling-Ling liegen drei Taxiangebote vor. Sie muss am nächsten Tag zum 20 km entfernten Bahnhof gefahren werden. Nutze den Taschenrechner.

a) Ergänze die Wertetabellen. Beachte, dass bei 0 die einmalige Grundgebühr steht.

Taxiunternehmen: Fahr mich billig

Fahrstrecke in km	x	0	1	5	10	15	20
Preis in €	y	2,50	4,00				

Taxiunternehmen: Bringt sie sicher an

Fahrstrecke in km	x	0	1	5	10	15	20
Preis in €	y	2,00	3,60				

Taxiunternehmen: Günstig reisen

Fahrstrecke in km	x	0	1	5	10	15	20
Preis in €	y	3,00	4,30				

b) Ling-Ling möchte möglichst günstig zum Bahnhof gefahren werden. Für welches Unternehmen sollte sie sich entscheiden? Begründe.

Antwort: ______________________________

____

2 Greta vergleicht drei Handy-Tarife.

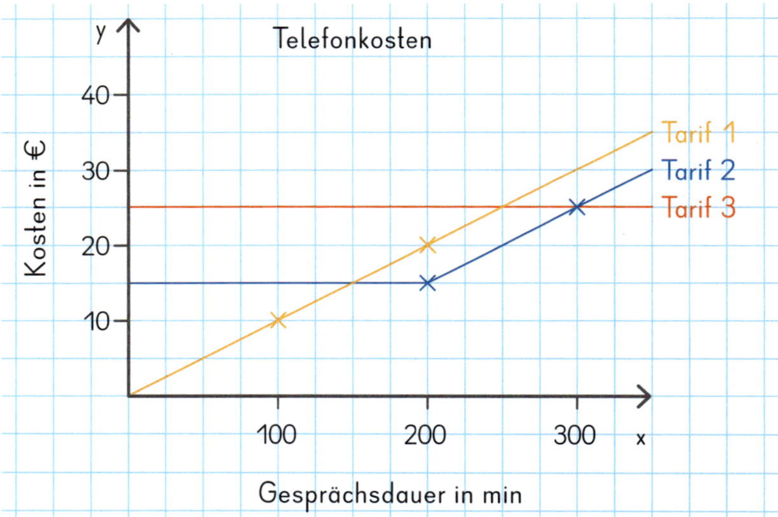

a) Für welchen Tarif sollte sich Greta entscheiden, wenn sie nur 100 Minuten pro Monat telefoniert? Begründe.

Antwort: ______________________________

____

b) Für welchen Tarif sollte sie sich bei 200 Minuten monatlich entscheiden? Begründe.

Antwort: ______________________________

____

c) Für welchen Tarif sollte sie sich bei 300 Minuten monatlich entscheiden? Begründe.

Antwort: ______________________________

3 Dana und Noah möchten sich im Fitnessstudio anmelden. Dana soll 50€ Anmeldegebühr zahlen und monatlich 40€. Noah muss keine Anmeldegebühr zahlen, aber monatlich 45€. Nach wie vielen Monaten ist Danas Vertrag günstiger?

Antwort: ______________________________

____

▸ Seiten 96/97

Die Funktionsgleichung $y = m \cdot x + b$

1 Tim fährt mit seinem Vater zur Tankstelle. Der Tank ist noch zu einem Drittel gefüllt. Insgesamt fasst er 60 Liter. Nach 80 Sekunden tanken ist der Tank voll.

a) Zeichne den zugehörigen Graphen ins Koordinatensystem und ergänze die Tabelle.

Tankdauer in s (x)	Tankinhalt in l (y)
0	
10	
20	
30	

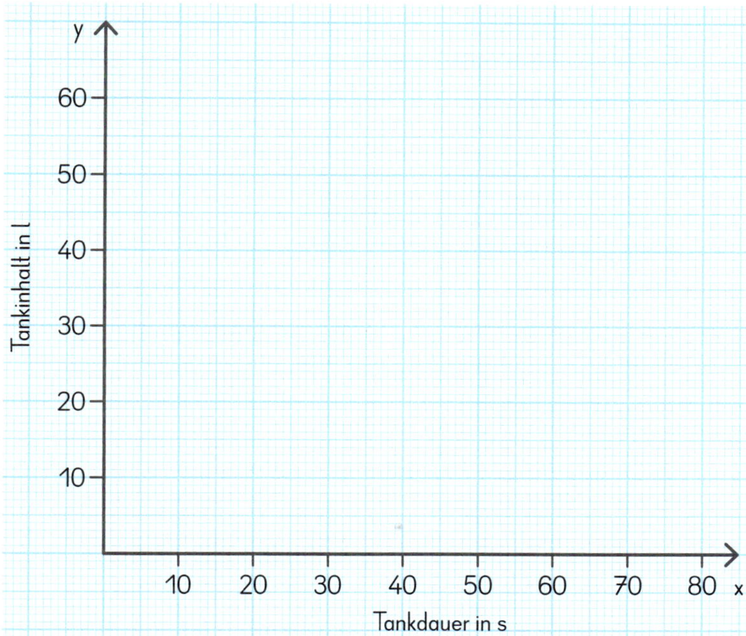

b) Zeichne in den Graphen ein Steigungsdreieck ein und lies die Steigung ab. m = ______

c) Markiere den Schnittpunkt des Graphen mit der y-Achse farbig und bestimme so den y-Achsenabschnitt. b = ______

d) Die allgemeine Funktionsgleichung lautet: $y = mx + b$
Setze für m und b die berechneten Werte ein und bestimme so die Gleichung, die den Tankvorgang beschreibt. y = ______________

2 Zeichne die Funktionen mit Hilfe des y-Achsenabschnitts b und der Steigung m.

a) $y = 1x + 2$

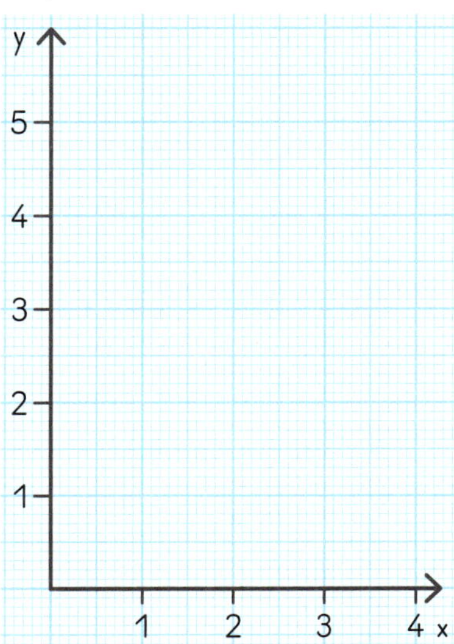

b) $y = 2x + 1{,}5$

c) $y = 3x + 1$

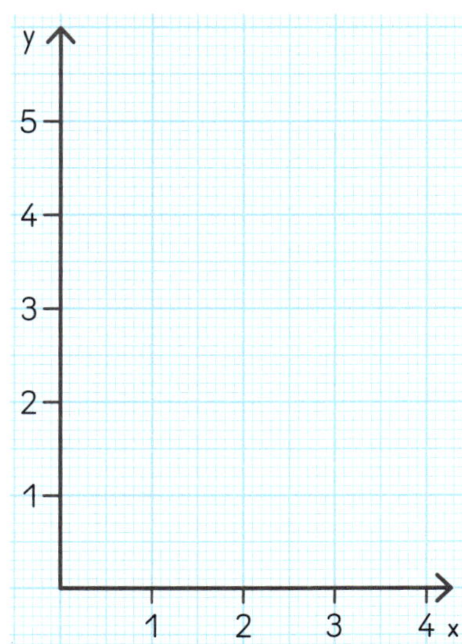

d) Trage in alle Graphen das Steigungsdreieck ein. Kennzeichne b und m.

▸ Seiten 98/99

Darstellung von Daten

1 Lisa und Lena haben 200 Jugendliche in ihrer Stadt gefragt, welchen der folgenden Berufe sie am interessantesten finden. Berechne die relativen Häufigkeiten.
Nutze den Taschenrechner.

Beruf	absolute Häufigkeit	relative Häufigkeit
Fachlageristin/Fachlagerist	28	$\frac{28}{200} = 0{,}14 = 14\ \%$
Beiköchin/Beikoch	20	
Gebäudereinigerin/Gebäudereiniger	12	
Metallwerkerin/Metallwerker	65	
Sozialhelferin/Sozialhelfer	75	

2 Die absoluten und die relativen Häufigkeiten aus der Tabelle in Aufgabe **1** sollen in jeweils einem Diagramm miteinander verglichen werden.

a) Ermittle mit Hilfe der gezeigten Grafik, welchen Diagrammtyp du wählen musst, um die absoluten Häufigkeiten darzustellen. Zeichne das Diagramm.

b) Ermittle mit Hilfe der gezeigten Grafik, welchen Diagrammtyp du wählen musst, um die relativen Häufigkeiten darzustellen. Zeichne das Diagramm.

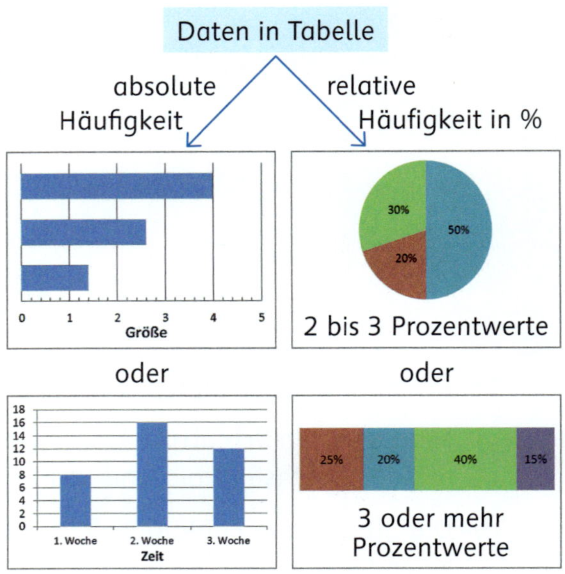

► Seite 104

Arbeitsmarktdaten (1)

1 In dem Diagramm ist die Anzahl der Bewerbungen der Jugendlichen der Klasse 10 b um einen Ausbildungsplatz dargestellt.

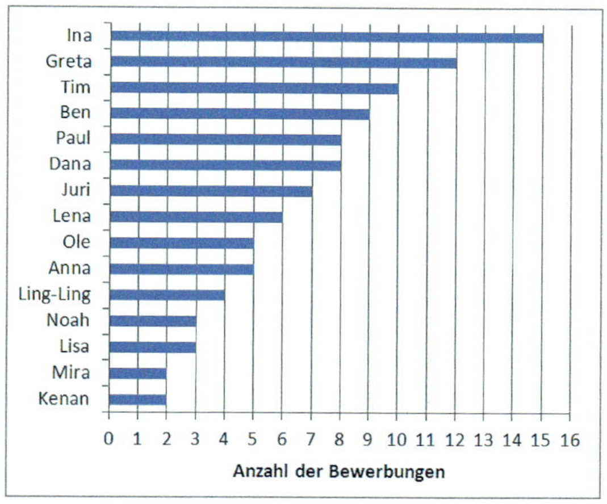

a) Warum werden die Daten in einem Balkendiagramm und nicht in einem Säulendiagramm dargestellt? Begründe.

____

____

____

b) Ermittle das Maximum, das Minimum und den Zentralwert. Berechne die Spannweite und den Durchschnitt.

Maximum: __________ Minimum: __________ Spannweite: __________

Zentralwert: __________

Durchschnitt: __________

c) Was lässt sich über die Aussagekraft von Durchschnitt und Zentralwert sagen, wenn diese fast gleich groß sind? __________

____

d) Wie würden sich der Durchschnitt und der Zentralwert verändern, wenn Ina 80 Bewerbungen verschickt hätte?

Zentralwert: __________ Durchschnitt: __________

Was fällt dir auf? Beschreibe. __________

____

2 Die Klassen 10 a und 10 b haben ermittelt, wie viel jeder Jugendliche in der jeweiligen Klasse für Bewerbungen, Bewerbungsmappen und Fotos ausgegeben hat.

Klasse 10 a	12 €	15 €	30 €	32 €	35 €	36 €	64 €	65 €	80 €
Klasse 10 b	5 €	8 €	15 €	32 €	35 €	45 €	60 €	84 €	85 €

Berechne jeweils die Spannweite, den Durchschnitt und den Zentralwert. Was fällt dir auf?

Antwort: __________

3 Finde fünf unterschiedliche Zahlen, …

a) die im Durchschnitt 60 ergeben.

b) die den Zentralwert 24 ergeben.

c) die den Zentralwert 14 ergeben.

▸ Seiten 108/109

Arbeitsmarktdaten (2)

1 Die Auszubildenden einer Kreisstadt verteilen sich wie in der Tabelle angegeben auf die verschiedenen Ausbildungsbereiche.

a) Stelle die Anteile in einem Streifendiagramm dar.

b) In der Kreisstadt leben 720 Azubis. Berechne, wie viele Azubis in jedem Ausbildungsbereich lernen. Trage die Anzahl in die Tabelle ein.

c) Erkläre, woran man erkennt, dass bei den Prozentzahlen gerundete Werte verwendet wurden.

Auszubildende in den Ausbildungsbereichen

Ausbildungsbereich	Anteil	Anzahl Azubis
Handwerk	25 %	
freie Berufe	12 %	
Landwirtschaft	18 %	
Industrie und Handel	30 %	
öffentlicher Dienst	4 %	
sonstige	11 %	

Antwort zu c): ______________________________

____

2 Eine Tageszeitung schreibt folgende Schlagzeile:

Immer mehr Jugendliche wechseln vorzeitig ihren Ausbildungsbetrieb!

a) Wie beurteilst du die Aussage der Tageszeitung?

Antwort: ______________________________

____

____

Wechsel des Ausbildungsbetriebs während der Ausbildung

Jahr	2011	2012	2013
Anzahl der Wechsler	395	412	432
Gesamtanzahl Azubis	658	688	720
Anteil in %			

b) Bestimme jeweils, wie viel Prozent der Auszubildenden in den drei Jahren den Ausbildungsbetrieb gewechselt haben. Korrigiere die Schlagzeile, wenn nötig.

c) Stelle die Ergebnisse in einem geeigneten Diagrammtyp dar.

► Seiten 108/109

Manipulationen (1)

1 Bei einer Umfrage wurden Jugendliche gefragt, was ihnen bei der Wahl ihres Ausbildungsplatzes besonders wichtig war. Hier sind folgende Ergebnisse:

guter Ruf des Ausbildungsbetriebs: 23 Stimmen
eine hohe Ausbildungsvergütung: 29 Stimmen
gute Erreichbarkeit: 22 Stimmen
nette Kollegen: 26 Stimmen

Beschrifte die Achsen und erstelle je ein zu den Überschriften passendes Balkendiagramm.

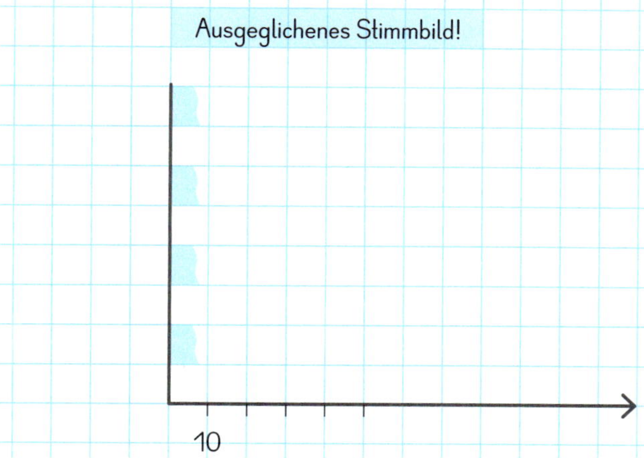

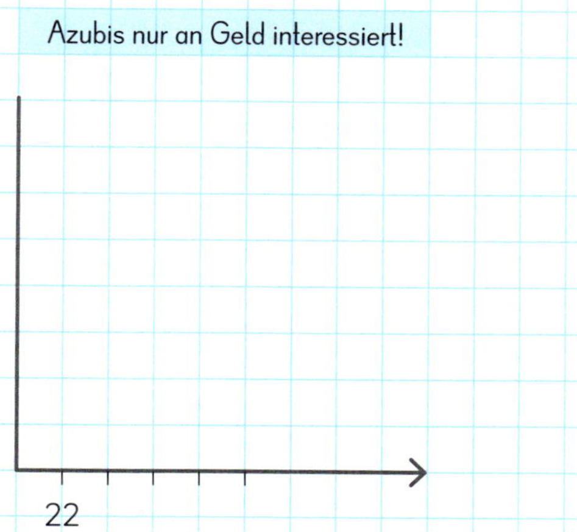

2 Woran kann man erkennen, dass beide Diagramme manipuliert wurden?

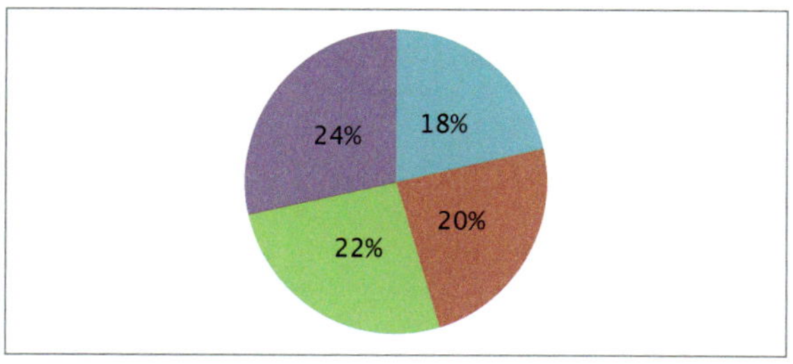

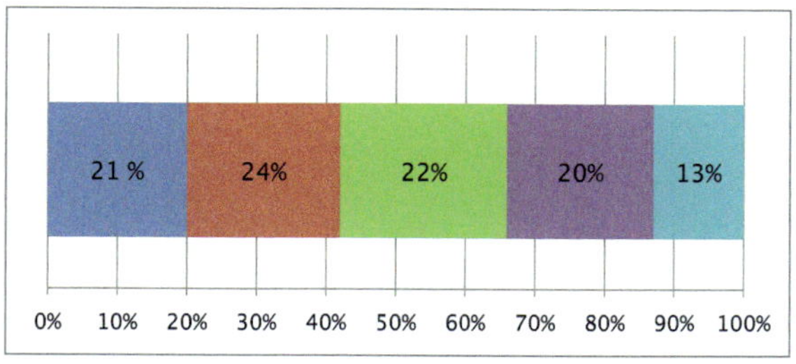

Antwort zum Kreisdiagramm: ______________________________

____

Antwort zum Streifendiagramm: ______________________________

____

3 In einer Haarshampoo-Werbung geben 90 % der Testerinnen an, dass sie nach vierwöchigem Gebrauch ihr Haar für glänzender und besser gepflegt halten.

a) Warum ist diese Aussage möglicherweise problematisch?

Antwort: ______________________________

b) Die Werbung gibt nicht an, dass bei 8 % der Testerinnen allergische Reaktionen auftraten. 50 000 Personen haben dieses Shampoo gekauft. Wie viele von ihnen könnten unter allergischen Reaktionen leiden? Berechne.

Antwort: ______________________________

▸ Seiten 110/111

Manipulationen (2)

1 Berechne die versteckten Preiserhöhungen in Prozent.

a) Das Gewicht einer Tafel Schokolade wird von 100 g auf 80 g gesenkt. Die Schokolade wird aber weiterhin zum gleichen Preis verkauft.

b) Ein Müsliriegel wiegt 28 g. Als Reisevariante wird er mit 25 g zum gleichen Preis an der Tankstelle angeboten.

c) Eine Flasche Limonade wurde mit 0,33 l Inhalt am Kiosk für 0,89 € verkauft. Das neue Design der Flasche hat ein Volumen von 0,3 l. Sie wird zum gleichen Preis verkauft.

a) $\frac{100\,g}{80\,g} = 1{,}25 = \_\_\_\,\%$ $\_\_\_\,\% - 100\,\% = \_\_\_\,\%$

2 Eine Tüte Gummitiere mit 200 g Inhalt wird zu 1,49 € verkauft. Die „Partydose" mit 1 kg Inhalt ist für 7,49 € erhältlich.

a) Bei der „Partydose" handelt es sich um eine Mogelpackung. Belege mit einer Rechnung.

b) Worin besteht die Täuschung des Kunden, wenn es sich bei der „Partydose" um eine Mogelpackung handelt? Erkläre.

____

____

3 Ein Käsehersteller bot bisher 6 Scheiben Gouda zum Preis von 1,79 € an. Seit Beginn des Quartals liefert er den Käse in einem neuen Verpackungsdesign zum Preis von 1,69 € aus. Die neue Verpackung enthält nun 5 Scheiben Gouda.

a) Bestimme den Preis pro Scheibe Gouda in jeder Verpackung.

b) Berechne die versteckte Preiserhöhung in Prozent.

▸ Seiten 110/111

Addition und Subtraktion rationaler Zahlen

1 Trage jeweils die folgenden Zahlen und ihre Gegenzahlen ein:
(−6,3), (+1,2), (−2,7), (+5,8) und die Zahlen mit dem Betrag 4,1 und 3,9.

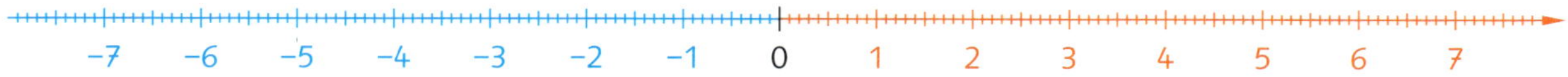

2 Welcher Term passt zu welcher Aussage? Verbinde und rechne aus.

a) Von 7 € Schulden werden 3 € Schulden abgezogen. — (−7) + (−3)

b) Bei −7 °C sinkt die Temperatur um weitere 3 °C. — (−7) − (−3)

c) Zu 7 € Schulden kommen 3 € Schulden hinzu. — (−7) − (+3)

3 Vervollständige die Sätze zum Umformen eines Terms.
Schreibe zu jeder Möglichkeit eine Beispielaufgabe auf.

a) Sind Rechenzeichen und Vorzeichen vor einer Zahl verschieden, wird daraus __________.

b) Sind Rechenzeichen und Vorzeichen vor einer Zahl gleich, wird daraus __________.

4 Forme um und rechne aus.

a) (−12) + (−31)

b) (+29) − (−45)

c) (−57) − (−28)

d) (−6,5) − (+4,2)

e) (−5,3) − (−3,4)

f) $(+\frac{2}{3}) + (-\frac{1}{3})$

Multiplikation rationaler Zahlen

1 Schreibe jeweils die Rechenvorschrift zum gegebenen Beispiel auf. Ergänze die Lösung und das fehlende Beispiel.

a) $(-6) \cdot (+7) =$ ______ Haben zwei Faktoren ______________________________

______ ______________________________

b) $(+6) \cdot (+7) =$ ______ Haben zwei ______________________________

______ ______________________________

2 Schreibe als Multiplikationsaufgabe und berechne.

a) $(-3) + (-3) + (-3) + (-3)$ b) $(-1{,}1) + (-1{,}1) + (-1{,}1)$ c) $(-\frac{3}{4}) + (-\frac{3}{4}) + (-\frac{3}{4}) + (-\frac{3}{4})$

3 Berechne.

·	−5	−4	−3	−2	−1	0	+1	+2	+3	+4	+5
−5											
−4											
−3											
−2											
−1											
0											
+1											
+2											
+3											
+4											
+5											

4 Setze die passenden Vorzeichen ein. Ergänze jeweils die zweite passende Aufgabe.

a) $(\_2{,}8) \cdot (\_7{,}6) = (-21{,}28)$ b) $(\_4{,}2) \cdot (\_6{,}4) = (+26{,}88)$ c) $(-\frac{1}{2}) \cdot (\_\frac{3}{4}) = (\_\frac{3}{8})$

5 Setze passend ein.

a) $(+6) \cdot (-9) = ($______$)$ b) $($______$) \cdot (-5) = (+40)$ c) $(-3) \cdot ($______$) = (+24)$

6 Berechne.

a) $(-2) \cdot (-\frac{3}{4})$ b) $(+\frac{3}{4}) \cdot (-\frac{2}{9})$ c) $(-\frac{3}{5}) \cdot (+\frac{5}{9})$

▸ Seite 118

Division rationaler Zahlen

1 Schreibe jeweils die Rechenvorschrift passend zum angegebenen Beispiel auf. Ergänze die Lösung und das fehlende Beispiel.

a) (+48) : (−8) = ____ Werden Zahlen mit ______________________

______________ ______________________________

b) (−48) : (−8) = ____ Werden Zahlen mit ______________________

______________ ______________________________

2 Berechne.

a)

	: (−6)	: (−3)	: (+3)	: (+6)
−24				
−18				
+18				
+24				

b)

	: (+4)	: (+8)	: (−8)	: (−4)
−48				
−32				
−16				
+48				

3 Setze die passenden Vorzeichen ein. Ergänze jeweils die zweite passende Aufgabe.

a) (_63) : (_9) = (+7)

b) (_36,4) : (_4) = (−9,1)

c) (+10) : (_$\frac{1}{2}$) = (_20)

4 Setze passend ein.

a) (−56) : (−8) = (____)

b) (____) = (−20) : (+4)

c) (−21) : (____) = (+3)

5 Rechne aus und kontrolliere mit der Probe.

a) (−72) : (−8)

b) (−42) : (+3)

c) (+60) : (−5)

d) (−128) : (+4)

e) (−123) : (−3)

f) (−4,5) : (+0,5)

6 Bilde aus den Zahlen drei Divisionsaufgaben.

−28 4 6 −4 −9 36 −36 −6 −7

▸ Seite 119

Wiederholung: Prismen und Zylinder

1 a) Welche der Körper sind Prismen? Kreise sie ein.

b) Färbe die Grundfläche jeweils mit der gleichen Farbe ein.

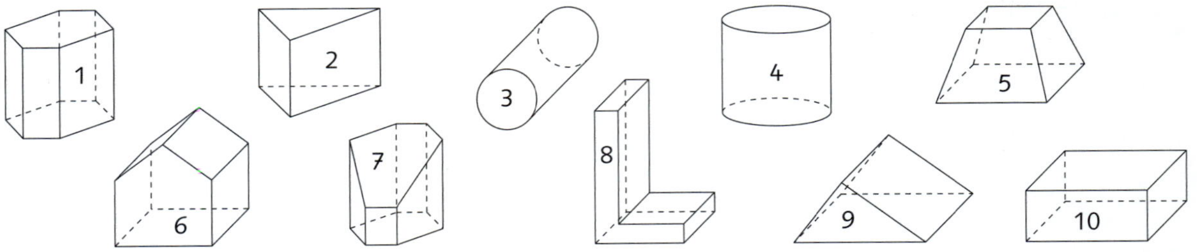

2 a) Färbe die Grundfläche jeweils farbig ein.

b) Berechne das Volumen des Prismas und des Zylinders mit den entsprechenden Formeln.

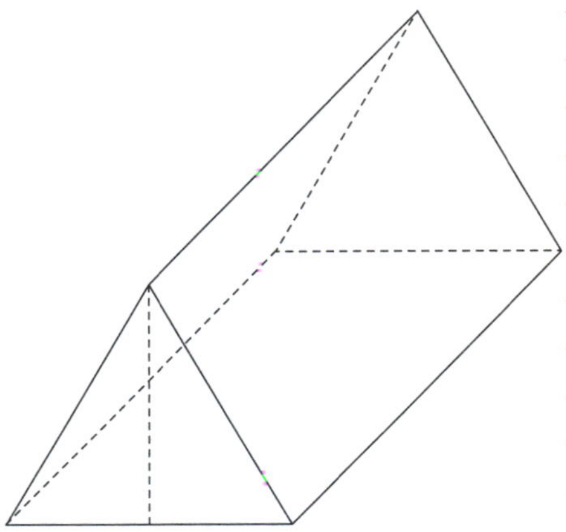

▸ Seiten 122/123

Oberfläche und Volumen von Pyramiden

1 a) Zeichne das Netz einer Pyramide mit einer quadratischen Grundfläche.
Die Maße sind: $a = 1{,}5\,cm$ und $h_a = 2\,cm$.

b) Berechne die Oberfläche der Pyramide.

Körpernetz der Pyramide:

Oberfläche der Pyramide:

geg:

ges: $O = ?$

2 Die Länge der Grundseite a einer Pyramide mit quadratischer Grundfläche beträgt 10 cm.
Die Höhe der Seitenflächen beträgt $h_a = 13\,cm$.

a) Fertige jeweils eine Skizze vom Pyramidennetz und vom Schrägbild der Pyramide an.
Kennzeichne die gegebenen Größen farbig.

Skizze:

b) Wie hoch ist die Pyramide?

geg:

ges: $h_k = ?$

c) Berechne das Volumen der Pyramide.

geg:

ges: $V = ?$

▸ Seiten 124/125

Oberfläche und Volumen von Kegeln und Kugeln

1 Kennzeichne bei den abgebildeten Kegeln die Grundfläche farbig.
Berechne jeweils die Oberfläche und das Volumen.

a)

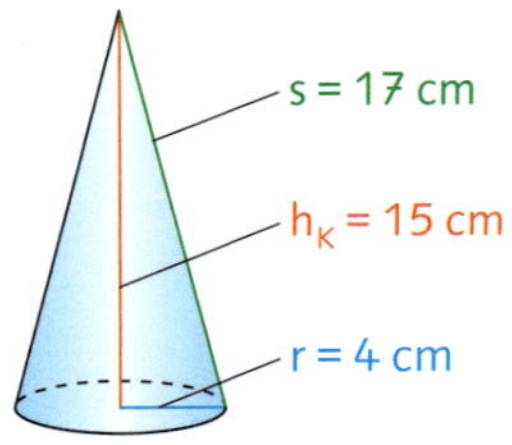

geg: ges: O = ?

F.: O =
O =

R.: O =
O =

ges: V = ?

F.: V =
V =

R.: V =
V =

b)

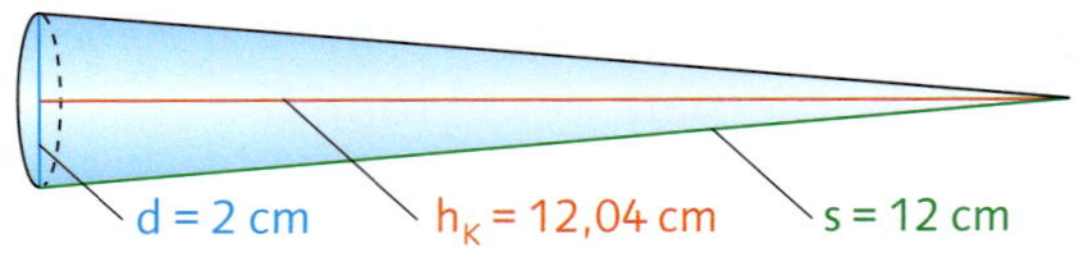

geg: ges: O = ?

F.: O =
O =

R.: O =
O =

ges: V = ?

F.: V =
V =

R.: V =
V =

2 a) Berechne das Volumen und die Oberfläche der Kugel.
geg: r = 5,3 cm

b) Berechne den Radius und das Volumen der Kugel.
geg: O = 200,96 cm^2

► Seiten 126/127

Körper zeichnen

1 Ergänze die Schrägbilder der Körper. Verdeckte Kanten werden gestrichelt gezeichnet. Benenne anschließend die Körper.

a) 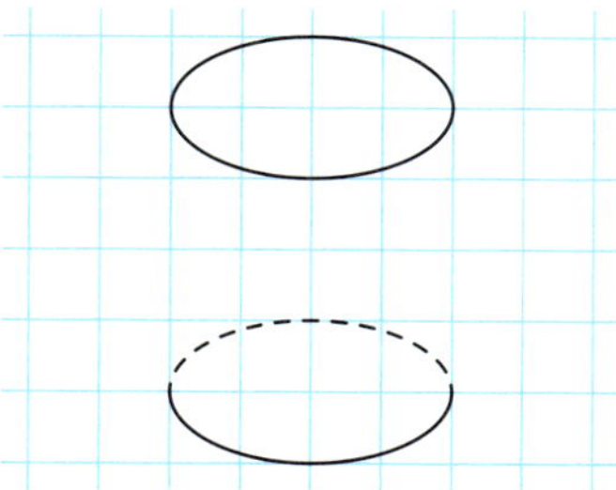

b) 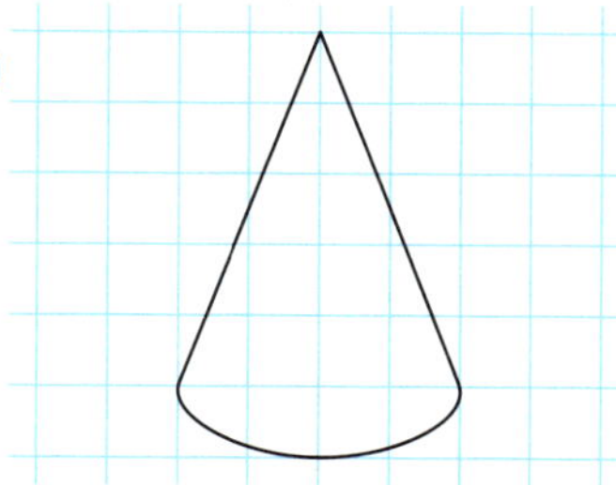

c) 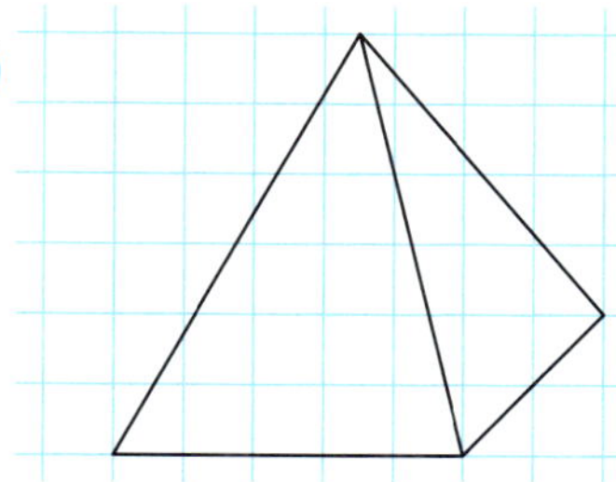

d) 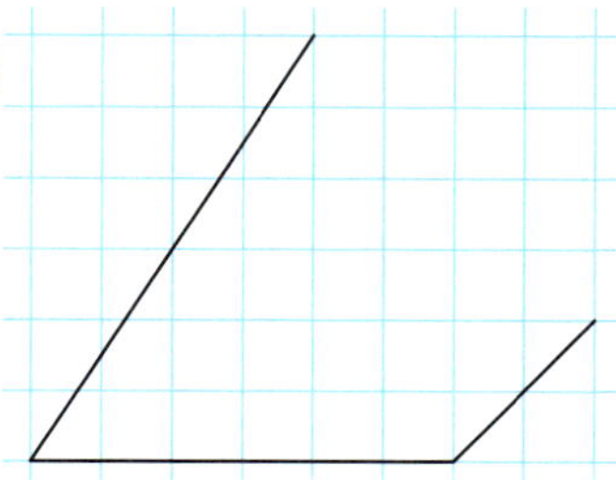

e) 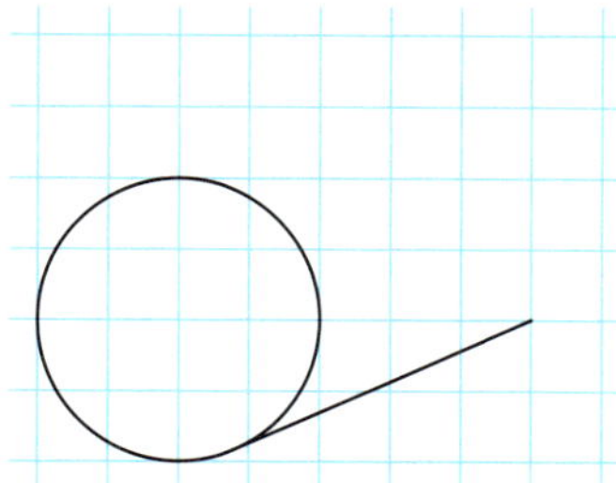

f) 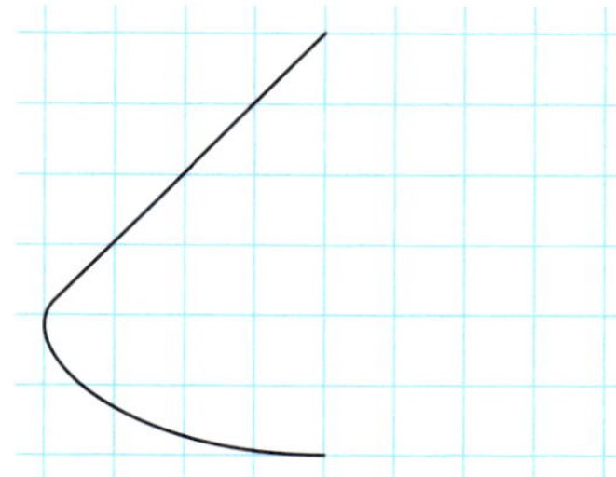

2 Zeichne die Schrägbilder der angegebenen Körper.

a) Zylinder mit d = 2 cm und h = 4 cm

b) rechteckige Pyramide mit a = 4 cm, b = 3 cm und h = 3,5 cm

c) Kegel mit r = 2 cm und h = 3 cm

▸ Seiten 128/129

Zusammengesetzte Körper

Die Maße der Körper sind in Zentimeter angegeben.

1 a) Zerlege den Körper sinnvoll.

b) Färbe die Teilkörper unterschiedlich ein.

c) Berechne das Volumen der Teilkörper.

d) Wie groß ist das gesamte Volumen des Körpers?

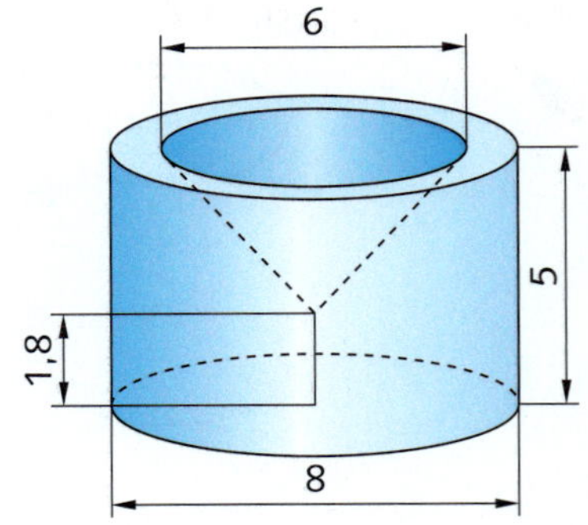

2 a) Zerlege den Körper sinnvoll.

b) Färbe die verschiedenen Teilkörper unterschiedlich ein.

c) Berechne das Volumen der Teilkörper.

d) Wie groß ist das gesamte Volumen?

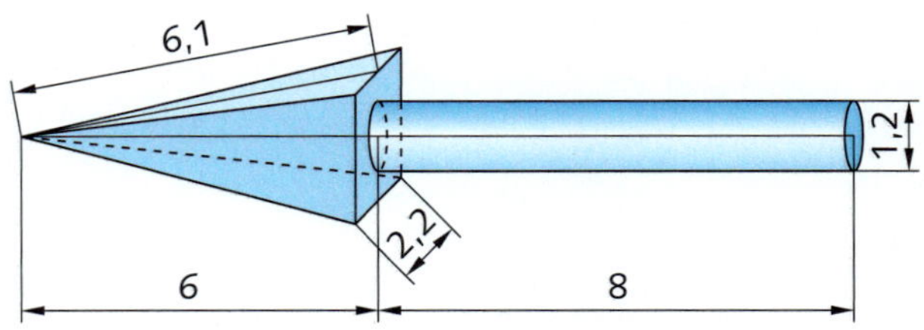

▸ Seite 130

Körperansichten

1 Zeichne den Körper in der Dreitafelprojektion. Lies die Maße aus der Zeichnung ab.

Vorderansicht:

Seitenansicht von links:

Draufsicht:

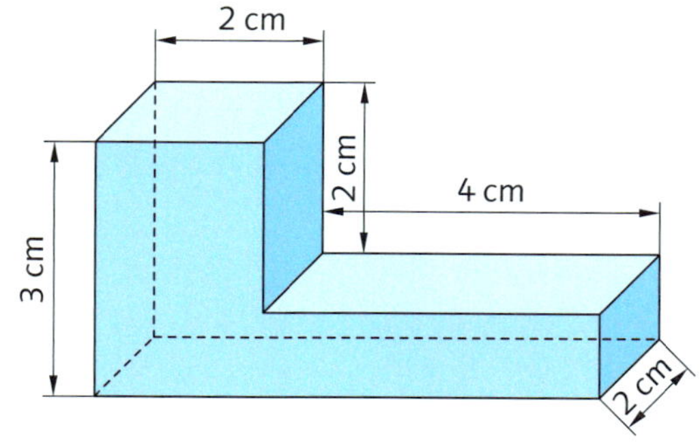

2 Zeichne den Körper in der Dreitafelprojektion. Lies die Maße aus der Zeichnung ab.
Die Maße sind in Zentimeter angegeben.

Vorderansicht:

Seitenansicht von links:

Draufsicht:

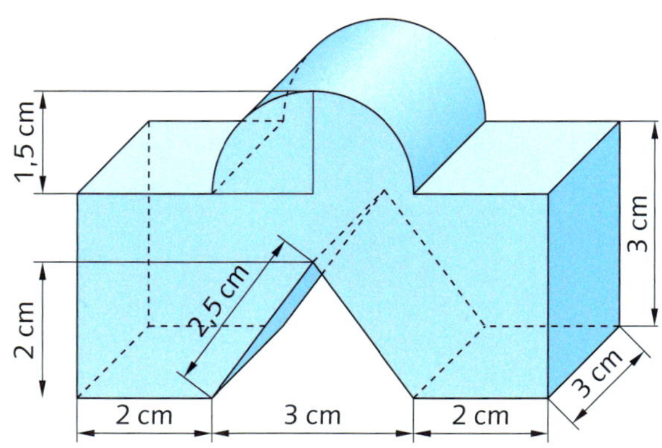

Zinsen Z, Zinssatz p % und Kapital K

1 Berechne die Zinsen. Nutze den Taschenrechner.

a)

Zinssatz p %	Zinsen in €
100	2 000
1	$\frac{2000}{100}$
5	

b) 2,7 % auf 5 000 €

$Z = \frac{K \cdot p}{100}$

Z =

Z =

c) 6,3 % auf 3 800 €

2 Berechne den Prozentsatz. Nutze den Taschenrechner.

a)

Zinsen in €	Zinssatz p %
60	100
1	$\frac{100}{60}$
6	

b) 325 € von 5 000 €

$p = \frac{Z \cdot 100}{K}$

p =

p =

c) 102 € von 8 500 €

3 Berechne das Kapital. Nutze den Taschenrechner.

a)

Zinssatz p %	Kapital in €
4	250
1	$\frac{250}{4}$
100	

b) 7 % sind 630 €.

$K = \frac{Z \cdot 100}{p}$

K =

K =

c) 1,6 % sind 41,60 €.

4 Was ist gesucht? Kreuze an und löse anschließend die Aufgabe.

a) Für 450 € erhält Ben 6,75 € Zinsen pro Jahr.

◯ Z ◯ p % ◯ K

geg.:

b) Bei dem Zinssatz von 1,3 % p. a. gibt es 10,40 € Zinsen.

◯ Z ◯ p % ◯ K

c) 4 000 € werden zu einem Zinssatz von 5,8 % p. a. verliehen.

◯ Z ◯ p % ◯ K

▸ Seiten 136–139

Jahres-, Monats- und Tageszins

1 Ergänze die Sätze und die Formeln.

Die Zinsen für 1 Jahr berechnet man mit der Formel Z = ______________________

Zur Berechnung der Monatszinsen (1 Monat = ____ Tage) verwendet man die Formel

Z = ______________________, wobei m für die Anzahl der ________________ steht.

Die Tageszinsen berechnet man mit der Formel Z = ______________________,

wobei t für die Anzahl der ________________ steht.

2 Berechne die Zinsen für den angegebenen Zeitraum mit der passenden Formel. Nutze den Taschenrechner.

a) K = 6700€
p% = 1,8%
m = 9 Monate

b) K = 4000€
p% = 5%
m = 90 Tage

3 Ergänze die Tabelle und berechne jeweils die Zinsen. Rechne geschickt. Runde sinnvoll.

Kapital	Zinssatz	Zinsen nach … 1 Jahr	6 Monaten	3 Monaten	100 Tagen	50 Tagen
500€	3%					
1000€	1%					
2000€	2%					
10000€	6%					

▸ Seiten 140/141

Zinseszins

1 Ergänze die Tabelle. Der Zinssatz beträgt 1,8 % pro Jahr. Nutze den Taschenrechner.

Zeit nach ...	1 Jahr	2 Jahren	3 Jahren	4 Jahren
Anfangskapital	2 500 €			
Zinsen	45 €			
Endkapital				

2 Berechne die Zinsen für den angegebenen Zeitraum mit dem Zinsfaktor. Runde sinnvoll.

a) Kapital: 4 800 €
Zinssatz: 2 %
Zeitraum: 8 Jahre

$K = 4800 \cdot 1{,}02^8$

b) Kapital: 300 €
Zinssatz: 2,4 %
Zeitraum: 10 Jahre

c) Kapital: 8 300 €
Zinssatz: 2,7 %
Zeitraum: 12 Jahre

d) Kapital: 13 589 €
Zinssatz: 1,9 %
Zeitraum: 5 Jahre

3 Die Geldgeschenke im Gesamtwert von 492,50 €, die Johanna anlässlich ihrer Taufe erhielt, werden zu einem Zinssatz von 3,6 % pro Jahr für 20 Jahre fest angelegt.

Frage: ______________________________

____

Antwort: ______________________________

____

4 Zu Annas Geburt wurden 1 500 € zu einem Zinssatz von 3,35 % pro Jahr fest angelegt. Wenn sie mit 16 Jahren ihre Ausbildung anfängt, erhält sie das Geld.

Frage: ______________________________

____

Antwort: ______________________________

____

▸ Seiten 142/143

Sofortkauf und Ratenkauf: Was kostet mich das?

1 Die Spülmaschine von Familie Sauber ist defekt. Von zwei unterschiedlichen Elektronikmärkten holt sie sich Ratenkaufangebote ein. Die Spülmaschine kostet 349 €.

Elektronikmarkt 1: 12 Monate Laufzeit und eine monatliche Rate von 30 €

Elektronikmarkt 2: Ein Jahr Laufzeit bei einem Zinssatz von 1 % p. a.

Welches Angebot ist günstiger? ◯ Elektronikmarkt 1 ◯ Elektronikmarkt 2

2 Herr Mauer möchte seine Terrasse mit Pflastersteinen für 1 800 € neu pflastern.

Variante A: 2 % Skonto bei Sofortzahlung. Hierfür müsste Herr Mauer sich jedoch das Geld zu einem Zinssatz von 4 % für 6 Monate bei der Bank leihen.

Variante B: Herr Mauer nimmt einen Ratenkredit über 1 Jahr mit einer monatlichen Rate von 154,50 € auf.

Lohnt sich Variante A?

Antwort: ______________________________

3 Familie Köser möchte im 30 m² großen Wohnzimmer neues Parkett verlegen lassen. Der Quadratmeterpreis des Parketts beträgt 42,50 € und der Preis fürs Verlegen 22 € pro m². Wenn die Familie das Parkett bar bezahlt, werden darauf 3 % Skonto gewährt.

a) Wie teuer ist die Renovierung des Wohnzimmers bei Barzahlung?

Antwort: ______________________________

b) Die Familie hat 1 000 € gespart. Sie könnte sich das restliche Geld bei der Bank zu 5 % Zinsen p. a. leihen. Sie kann aber auch das Parkett über ein Jahr mit einer monatlichen Rate von 110 € beim Baumarkt abbezahlen. Was rätst du ihnen?

Antwort: ______________________________

► Seite 144

Kontoauszug lesen

1 ⊡

		Bank Speremberg Brandenburg
Kontoauszug vom 01.06.2014	16:35 Uhr	Kontoinhaber: Tilo Hennig
Auszug Seite	IBAN	Alter Saldo per 12.05.2014
16 1/1	DE38300558000026263345	EUR +307,83
Buchung	**Vorgang**	**Umsatz in EUR**
15.05.	Hundesteuer 1. Hund	−46,00
15.05.	Hundesteuer 2. Hund	−85,00
18.05.	Eiscafé Sonnenschein	−5,50
19.05.	Tankstelle Einfach Tanken	−52,92
20.05.	Gutschrift	+25,00
24.05.	Super-Biomarkt	−24,78
28.05.	Drogerie Schick	−7,84
31.05.	Lohn 05 Krankenpflegehelfer	[illegible]
01.06.	Miete 06	−345,60
		Neuer Saldo EUR +730,77

a) Ermittle die Kenndaten des Kontos:

Kontoinhaber: ______________________ Datum des Auszugs: ______________

IBAN: ______________________ Auszugnummer: ______________

b) Ermittle den Lohn von Herrn Hennig. Nutze den Taschenrechner.

c) Vervollständige die Tabelle.

Einnahmen	Ausgaben
25,00 €	46,00 €
	85,00 €
Summe:	Summe:

d) Berechne den Saldo am 31.05.

2 ⊡ Herr Hennig hat am 02.06. noch folgende Abbuchungen:

Strom: 23,50 €	Benzin: 48,11 €
Einkauf: 29,47 €	Kfz-Steuer: 81,00 €

Berechne den neuen Saldo zum 03.06.
Nutze den Kontoauszug aus Aufgabe **1**.

▸ Seiten 146/147

Verschiedene Kredite

1 Familie Jost möchte sich einen Carport für 5 400 € kaufen. Ihre Hausbank bietet ihr einen Kredit zu einem jährlichen Zinssatz von 5,6 % bei einer Laufzeit von 4 Jahren an.
Die Nachbarbank bietet Kredite bis 6 000 € zu einem jährlichen Zinssatz von 6 % bei einer Laufzeit von 3 Jahren an. Familie Jost möchte jährlich die gleiche Summe zurückzahlen und die jeweils angefallenen Zinsen zusätzlich bezahlen.

a) Ergänze die beiden Tabellen. Berechne auch die Summe der Zinsen.

Hausbank

Jahr	Kreditbetrag	Zinssatz p. a.	Zinsen pro Jahr	jährliche Tilgung	Überweisungsbetrag
1.	5 400 €	5,6 %	302,40 €	1 350 €	1 652,40 €
2.	4 050 €	5,6 %			
3.					
4.					

Summe der Zinsen nach 4 Jahren:

Nachbarbank

Jahr	Kreditbetrag	Zinssatz p. a.	Zinsen pro Jahr	jährliche Tilgung	Überweisungsbetrag
1.					
2.					
3.					

Summe der Zinsen nach 3 Jahren:

b) Für welchen Kredit sollte sich Familie Jost entscheiden? Begründe.

Antwort: ______________________________

____

2 Familie Kim benötigt für ihre Haussanierung einen Kredit in Höhe von 8 000 €. Sie möchte jährlich 2 000 € tilgen. Sie kann zwischen zwei Kreditangeboten wählen.

Angebot A: 5,5 % Zinsen und eine Laufzeit von 4 Jahren

Angebot B: jährlich 300 € Zinsen und eine Laufzeit von 4 Jahren

Für welches Angebot sollte sich Familie Kim entscheiden?

Verschiedene Geldanlagen

1 Lara möchte einen Betrag von 550 € fest für 3 Jahre anlegen. Sie hat sich für ein Sparkonto mit verschiedenen Zinssätzen entschieden. 1. Jahr: 1,2 % 2. Jahr: 1,4 % 3. Jahr: 1,6 %

a) Berechne die jährlichen Zinsen und die Höhe des Kapitals nach 3 Jahren.

Sparkonto	Anfangskapital	Zinssatz	Zinsen	Endkapital am Ende des Jahres
1. Jahr	550 €	1,2 %	6,60 €	550 € + 6,60 € = ______
2. Jahr				
3. Jahr				

b) Lara erfährt von einer Freundin, dass diese bei ihrer Bank einen jährlichen Zinssatz von 1,5 % erhält. Sie legt ebenfalls 550 € an. Wer hat am Ende der 3 Jahre mehr Geld?

Antwort: ____________________

2 Milan erhält von seinem Arbeitgeber vermögenswirksame Leistungen in Höhe von 23 €, die direkt auf seinen Bausparvertrag überwiesen werden. Zusätzlich zahlt Milan 12 € aus eigener Tasche ein. Für den Bausparvertrag erhält er auf den eingezahlten Betrag vierteljährlich einen Zinssatz von 1,75 %.

a) Vervollständige die Tabelle.

Bausparvertrag	Anfangskapital	Zinsen	Endkapital am Ende des Vierteljahres
1. Vierteljahr	3 · ______ = ______		
2. Vierteljahr			
3. Vierteljahr			
4. Vierteljahr			

b) Wie viel Zinsen hat Milan nach einem Jahr insgesamt erhalten?

Antwort: ____________________

c) Wie viel Geld hat Milan nach einem Jahr angespart?

Antwort: ____________________

▸ Seiten 150/151

Wahrscheinlichkeiten berechnen

1 Gelegentlich werden bei Gesellschaftsspielen vierseitige und achtseitige Würfel verwendet.

a) Berechne: Wie groß ist die Wahrscheinlichkeit, mit den beiden Würfeln eine …

Würfel	2 zu würfeln?	3 oder 4 zu würfeln?	ungerade Zahl zu würfeln?
4-seitiger Würfel			
8-seitiger Würfel			

b) Vergleiche: Was fällt dir auf?

____

2 Berechne die passende Wahrscheinlichkeit oder nenne zu der Wahrscheinlichkeit einen passenden Zufallsversuch und das Ergebnis.

Zufallsversuch und das Ergebnis	Wahrscheinlichkeit
Ein achtseitiger Würfel zeigt eine 7.	
	$\frac{1}{2} = 0{,}5 \quad = 50\,\%$
Von sechs Karten ziehst du das letzte Ass.	
	$\frac{1}{3} = 0{,}333 = 33{,}3\,\%$
Ein sechsseitiger Würfel zeigt keine 1.	
	$\frac{5}{8} = 0{,}625 = 62{,}5\,\%$
Von 32 Stiften schreibt ein Stift nicht, weil er kaputt ist.	

3 In einem Eignungstest soll Ben zwei Aufgaben zum Ankreuzen lösen (Multiple Choice). Es gibt jeweils fünf Antwortmöglichkeiten. Von diesen fünf Möglichkeiten ist jeweils nur eine richtig. Da Ben diese Aufgaben nicht beantworten kann, muss er die Lösung raten. Beantworte die folgenden Fragen mit Hilfe des Baumdiagramms und trage die Lösungen ein. Wie hoch ist die Wahrscheinlichkeit, dass …

a) Aufgabe ① und Aufgabe ② jeweils richtig beantwortet wurden?

b) Aufgabe ① richtig beantwortet und Aufgabe ② falsch beantwortet wurde?

c) Aufgabe ① falsch beantwortet und Aufgabe ② richtig beantwortet wurde?

d) Aufgabe ① und Aufgabe ② jeweils falsch beantwortet wurden?

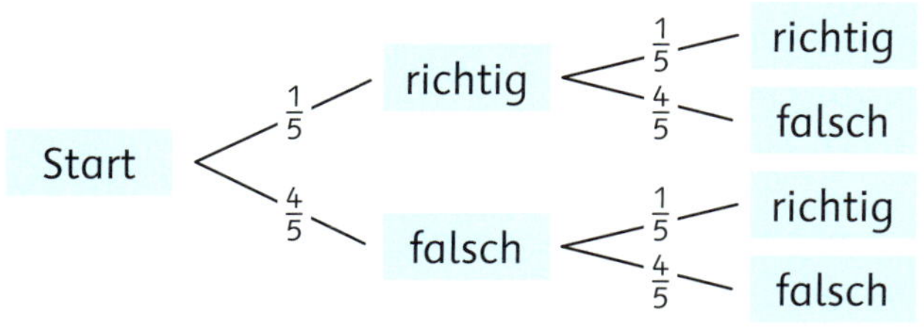

$\frac{1}{5} \cdot \frac{1}{5} = \frac{1}{25} =$ ____ %

$\frac{1}{5} \cdot$ ____ $=$ ____ $=$ ____ %

$\frac{4}{5} \cdot$ ____ $=$ ____ $=$ ____ %

____ $\cdot$ ____ $=$ ____ $=$ ____ %

Wahrscheinlichkeiten ermitteln

1 Lisa und Lena haben nach einer Anleitung jeweils einen achtseitigen Kreisel aus einem Zahnstocher und Tonpapier gebastelt und diese jeweils mit den Ziffern 1 bis 8 beschriftet.

a) Lisa überprüft mit 160 Drehungen, ob der Kreisel gelungen ist. Lena dreht nur 32-mal und gibt dann enttäuscht auf.
Berechne zuerst jeweils die relative Häufigkeit und beurteile danach ob die Kreisel fair sind. Gib das Ergebnis auf zwei Stellen nach dem Komma an.
Nutze den Taschenrechner.

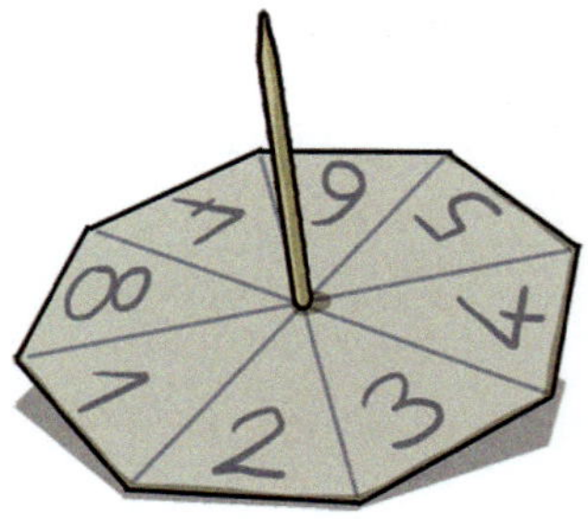

gedrehte Zahl	1	2	3	4	5	6	7	8
Anzahl der Drehungen Lisa	18	22	17	18	21	23	20	21
relative Häufigkeit	11,25 %							
Anzahl der Drehungen Lena	5	3	4	6	4	2	8	0
relative Häufigkeit								

Beurteilung: ______________________________

b) Mit welchem Gesetz zur Ermittlung der relativen Häufigkeit könnte man Lena davon überzeugen, den Versuch weiterzuführen und nicht nach 32 Drehungen aufzugeben?

____

2 Das Spiel „Knöpfchen werfen“ spielen Ben und Juri gern.
Ben hat bei 120 Würfen 44 Treffer erzielt. Juri traf von 90 Würfen 37-mal die Schale.

a) Wer von beiden ist zu diesem Zeitpunkt der bessere Werfer?

b) Warum kann man nicht sagen, dass der Spieler mit der höheren Trefferquote beim nächsten Spiel gewinnt? Begründe.

Begründung: ______________________________

____

3 Bei einer Verkehrskontrolle wurden 284 Autofahrer kontrolliert. Hierbei sind verschiedene Verstöße festgestellt worden. Berechne die relative Häufigkeit in Prozent. Sage voraus, wie viele der 40 Mio. Autofahrer in Deutschland ungefähr täglich gegen die gleichen Regeln verstoßen. Nutze den Taschenrechner. Rechne mit dem Prozentfaktor.

Verstoß	absolute Häufigkeit	relative Häufigkeit	Prozentfaktor	Voraussage bei 40 Mio. Autofahrern täglich
Handynutzung während der Fahrt	27			
Auto ohne gültigen TÜV	3			
Fahren ohne Fahrerlaubnis	1			
Fahren ohne Sicherheitsgurt	11			

▸ Seiten 154/155

Ernährungskreis

1 Abgebildet sind die Ernährungstagebücher von Lisa und Lena. Inwieweit stimmt ihre Ernährung mit dem Ernährungskreis überein? Berechne jeweils die prozentualen Anteile und vergleiche diese mit den Prozentwerten im Ernährungskreis. Runde auf ganze Zahlen.

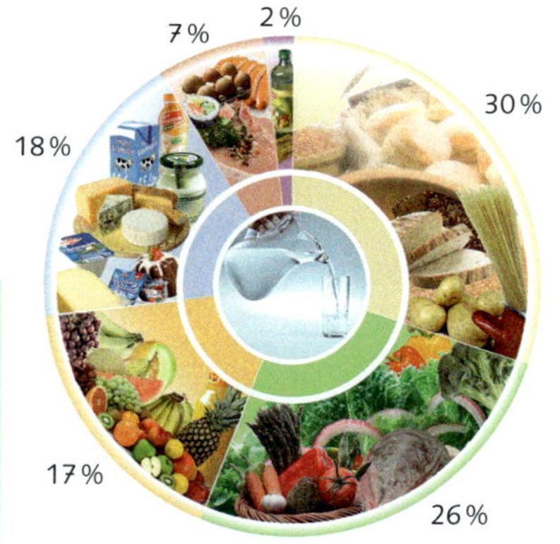

Lisa:		Lena:	
210 g	Getreideprodukte	260 g	Getreideprodukte
280 g	Gemüse	320 g	Gemüse
240 g	Obst	260 g	Obst
250 g	Milchprodukte	320 g	Milchprodukte
120 g	Fisch	100 g	Fisch

Antwort: ______________________________

____

2 Max hat sich über den Calciumgehalt in Lebensmitteln informiert. Stelle den Calciumgehalt in einem geeigneten Diagramm dar. Runde die Werte sinnvoll.

100 g Joghurt	120 mg
100 g Butterkäse	575 mg
100 g Mandeln	252 mg
100 g Kiwi	38 mg

▸ Seiten 156/157

Energiezufuhr und BMI

1 Eva-Maria ist 26 Jahre alt. Sie hat einen Tag lang ein Ernährungstagebuch geführt.
Wie viele Kilokalorien (kcal) hat Eva-Maria zu sich genommen?
Vergleiche mit den Empfehlungen der DGE.

Alter	kcal pro Tag männlich	kcal pro Tag weiblich
15 – unter 19 Jahre	2500	2000
19 – unter 25 Jahre	2500	1900
25 – unter 51 Jahre	2400	1900

Nährwerttabelle		
Lebensmittel	Menge	kcal
Vollkornbrot	150 g	346
Käse	200 g	730
Schinken	50 g	67
Marmelade	100 g	282
Schokolade	100 g	536
Putenpfanne	350 g	284
Kartoffel	50 g	35
Banane	100 g	89
Kiwi	50 g	30
Gurke	150 g	20

100 g Käse hat ________ kcal
50 g Schinken hat ________ kcal
50 g Marmelade hat ________ kcal
50 g Kiwi hat ________ kcal
350 g Putenpfanne hat ________ kcal
150 g Kartoffel hat ________ kcal
75 g Gurke hat ________ kcal
100 g Banane hat ________ kcal
150 g Vollkornbrot hat ________ kcal
100 g Käse hat ________ kcal
100 g Schinken hat ________ kcal
50 g Schokolade hat ________ kcal

Summe der Kilokalorien: ________

Antwort: ________

2 Indira ist 17 Jahre alt und geht einmal die Woche für eine Stunde zum Aerobic. Sie wiegt 71 kg bei einer Körpergröße von 1,66 m. Malte feiert nächste Woche seinen 16. Geburtstag. Er geht zweimal die Woche für 45 Minuten Schwimmen. Malte ist 178 cm groß und wiegt 72 kg.

Kalorienverbrauch pro Stunde: Aerobic 381 kcal, Schwimmen 560 kcal

$$\text{BMI} = \frac{\text{Körpergewicht in kg}}{(\text{Körperlänge in m})^2}$$

BMI unter 18,5: Untergewicht
BMI 18,5 bis 25: Normalgewicht
BMI über 25: Übergewicht
BMI über 30: starkes Übergewicht

a) Berechne für beide ihren BMI. Sind beide normalgewichtig?

Antwort: ________

b) Berechne jeweils die empfohlene Energiezufuhr für den Tag ohne Sport und den Tag mit Sport.

Antwort: ________

▸ Seiten 158/159

Rund ums Auto

1 Der Azubi Tom möchte sich ein Auto kaufen. Bisher hat er 900€ gespart. Tom verdient im 3. Ausbildungsjahr als Gärtner 735€ netto im Monat. Seine monatlichen Ausgaben für Wohnen und Essen liegen bei 300€. Er recherchiert im Internet und hat sein Lieblingsauto gleich zweimal gefunden.

Angebot 1:

Auto mit 90.000 km, 8 Jahre alt, 75 PS, blau metallic, Finanzierung wie folgt möglich: Anzahlung 600€, 12 Monatsraten je 29€, Abschlussrate: 299€.

Angebot 2:

Auto mit 87.000 km, 7 Jahre alt, 75 PS, blau metallic, Finanzierung wie folgt möglich: Anzahlung 690€, 6 Monatsraten je 39€, Abschlussrate: 289€.

a) Tom kann sich zwischen den Angeboten nicht entscheiden. Wie würdest du vorgehen, um eine Lösung zu finden? Beschreibe.

b) Toms Bruder empfiehlt ihm: „Berechne die Endpreise und entscheide dich für das günstigere Angebot.“ Welches ist das günstigere Angebot? Berechne.

c) Der Verkäufer weist Tom darauf hin, dass jeweils noch monatlich 395€ Versicherung und 5€ für die Kfz-Steuer hinzukommen. Reicht Toms Geld noch immer?

2 Toms Auto verbraucht im Durchschnitt 8 l auf 100 km. Wie weit kann er mit dem restlichen Geld bei einem Benzinpreis von 1,50€ pro Liter noch fahren?
Nutze die Ergebnisse aus Aufgabe **1**.

Antwort:

3 Kann Tom sich das Auto leisten? Welchen Rat würdet ihr ihm geben?

Antwort:

▸ Seite 163

Kaufkraft und Kaufkraftverlust

1 Familie Statistika hat erfahren, dass eine jährliche Preissteigerung von 2 % normal ist. Sie vermutet jedoch, dass diese bei ihnen weitaus größer ist.
Vater Uwe hatte letztes Jahr eine Idee. Er stellte einen Warenkorb zusammen, der aus verschiedenen Artikeln bestand und addierte alle Preise. Das gleiche macht er dieses Jahr. Danach berechnet er den Preisunterschied.

a) Wie teuer war der Warenkorb letztes Jahr und wie teuer ist er dieses Jahr? Wie groß ist die Gesamtpreisdifferenz? Berechne diese auch in Prozent.

Artikel	Preis letztes Jahr in €	Preis dieses Jahr in €
1 Brot	1,99	2,10
100 g Wurst	2,25	2,40
1 l Wasser	0,89	0,99
1 Packung Tee	3,79	3,99
1 l Limonade	0,59	0,69
1 kg Kaffee	7,79	8,99
250 g Butter	1,69	1,75
Gesamtpreis		

b) Hatte Vater Uwe mit seiner Vermutung recht?

c) Der Warenkorb besteht aus sieben Artikeln. Reicht das aus, um eine genaue Aussage zu treffen? Begründe.

d) Welche Artikel sollten in einem „repräsentativen Warenkorb“ vorhanden sein?

2 Herr Edsal verdiente im letzten Jahr pro Monat 1900 € netto. Seine monatliche Warmmiete von 723 € erhöht sich in diesem Jahr um 2 %, seine Stromrechnung von monatlich 79 € um 3 % und sein monatlicher Rundfunkbeitrag und Kabelanschluss von 36,88 € um 2,7 %.

a) Berechne die aktuellen Preise von Warmmiete, Strom sowie Rundfunkbeitrag und Kabelanschluss. Runde sinnvoll.

b) Wie viel Prozent seines Gehalts zahlte er vor den Erhöhungen für diese Kosten?

c) Wie viel Prozent seines Gehalts zahlte er nach den Erhöhungen für diese Kosten?

▸ Seite 165

Formelsammlung

Flächen

A: Flächeninhalt   u: Umfang

allgemeines Viereck

$u = a + b + c + d$

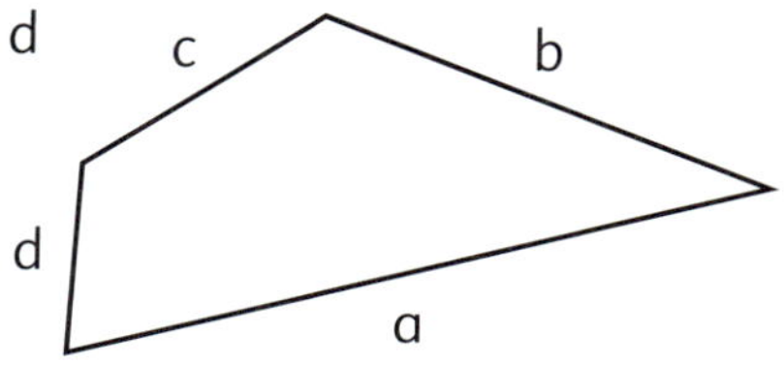

Quadrat

$u = 4 \cdot a$

$A = a^2$

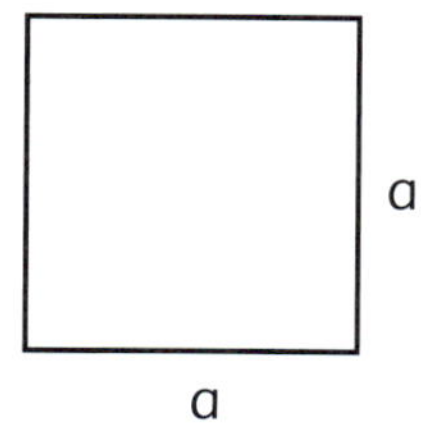

Rechteck

$u = 2 \cdot a + 2 \cdot b$

$A = a \cdot b$

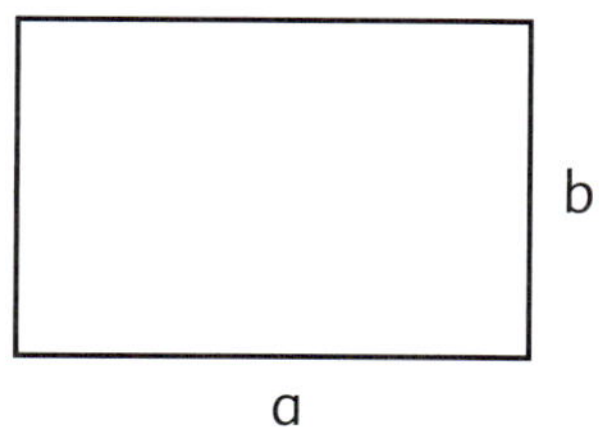

Parallelogramm

$u = 2 \cdot a + 2 \cdot b$

$A = g \cdot h_g$

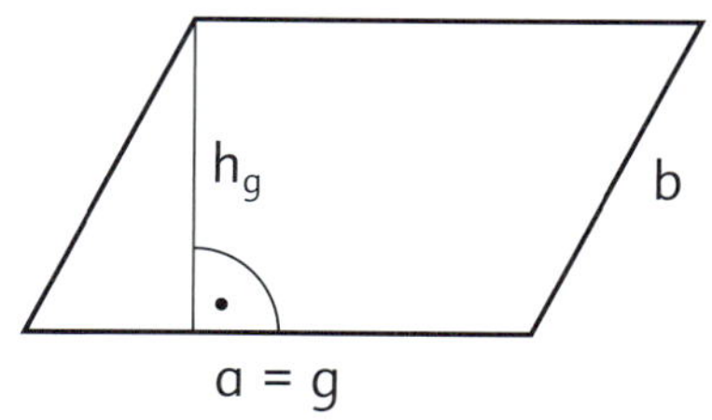

Raute

$u = 4 \cdot a$

$A = \frac{e \cdot f}{2}$

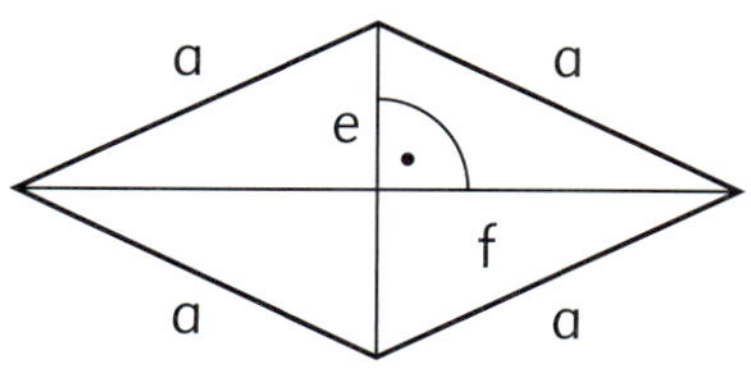

Drachenviereck

$u = 2 \cdot a + 2 \cdot b$

$A = \frac{e \cdot f}{2}$

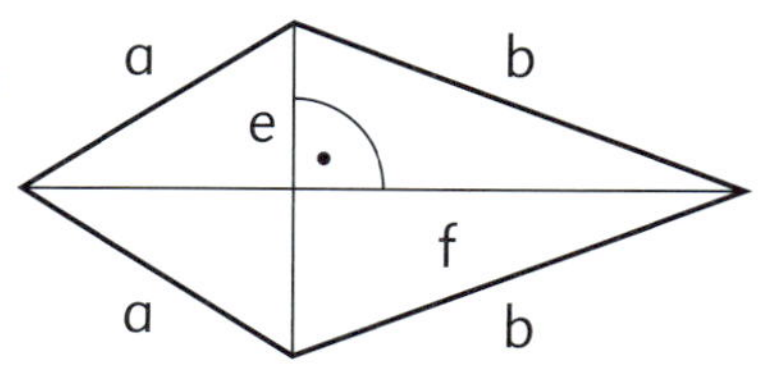

Trapez

$u = a + b + c + d$

$A = \frac{(a + c) \cdot h}{2}$

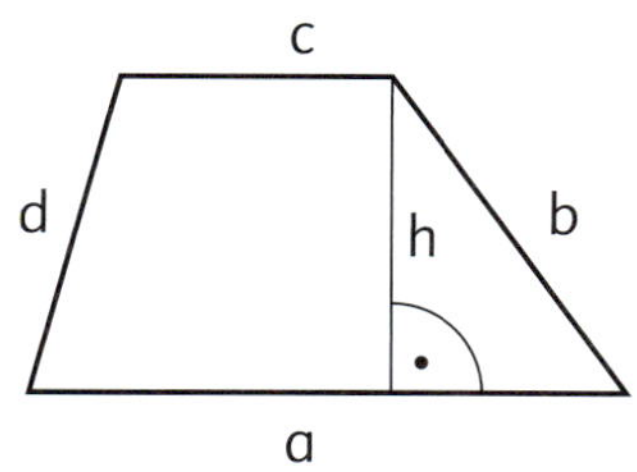

Dreieck

$u = a + b + c$

$A = \frac{g \cdot h_g}{2}$

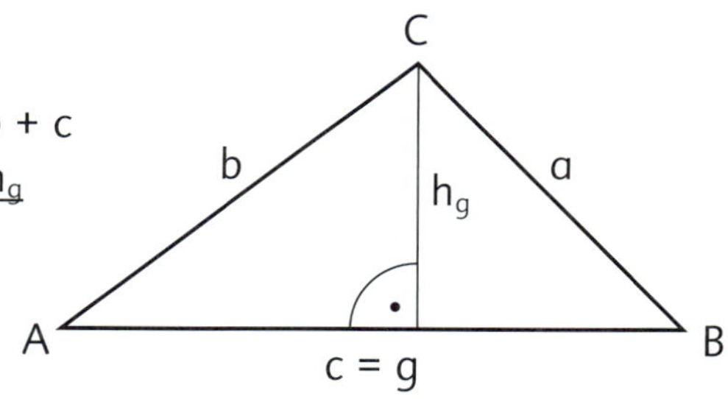

Kreis

$d = 2 \cdot r$

$u = 2 \cdot \pi \cdot r$ oder
$u = \pi \cdot d$

$A = \pi \cdot r^2$

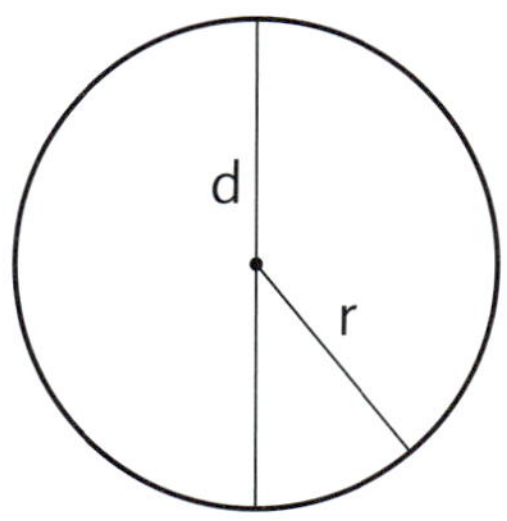

Kreisring

$A = \pi \cdot r_a^2 - \pi \cdot r_i^2$

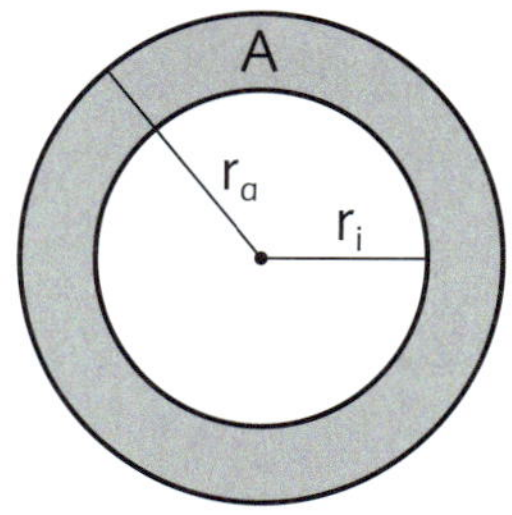

Satz des Pythagoras

Im rechtwinkligen Dreieck gilt: $a^2 + b^2 = c^2$

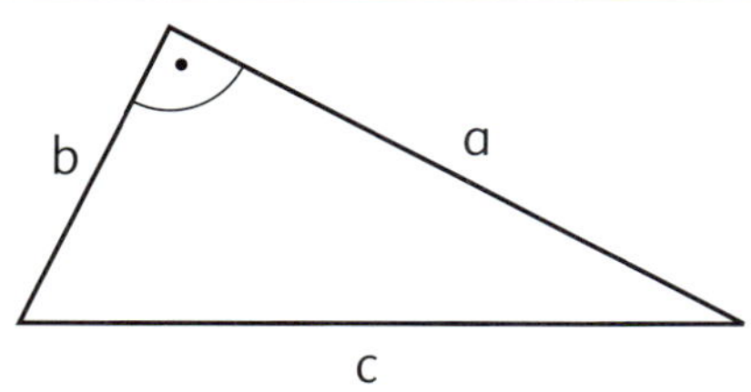

Körper

V: Volumen O: Oberfläche G: Grundfläche M: Mantelfläche

Würfel

$V = a^3$

$O = 6 \cdot A$ oder

$O = 6 \cdot a^2$

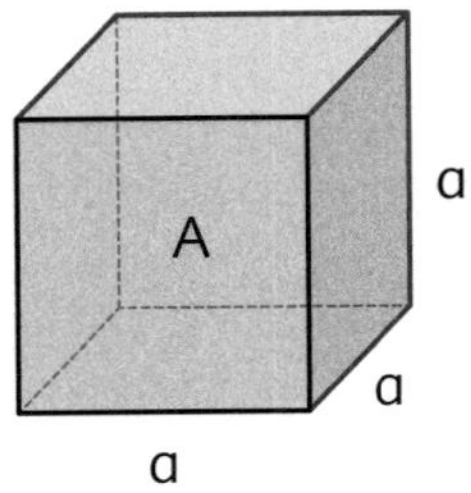

Quader

$V = a \cdot b \cdot c$

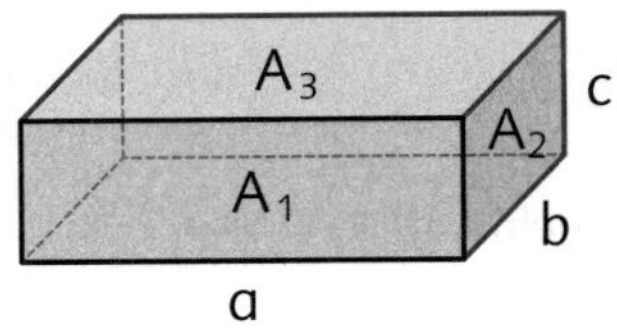

$O = 2 \cdot A_1 + 2 \cdot A_2 + 2 \cdot A_3$

Prisma

$V = G \cdot h_k$

$M = u_G \cdot h_k$

$O = 2 \cdot G + M$

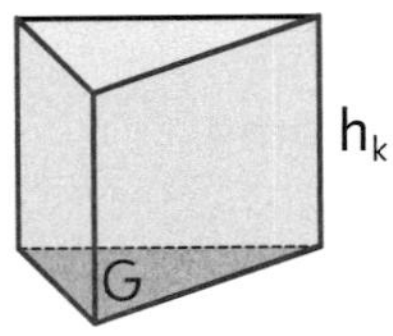

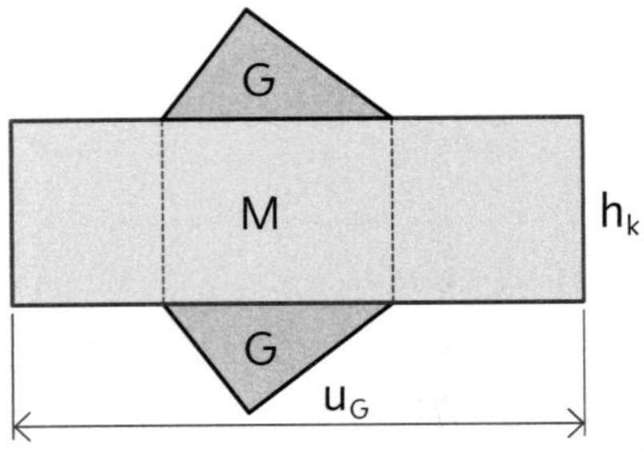

Pyramide

$V = \frac{1}{3} G \cdot h_k$

$O = G + M$

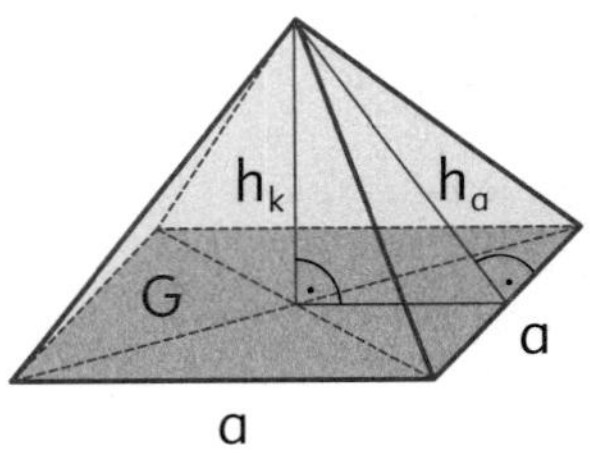

Zylinder

$V = \pi \cdot r^2 \cdot h_k$

$M = \pi \cdot d \cdot h$

$O = 2 \cdot G + M$

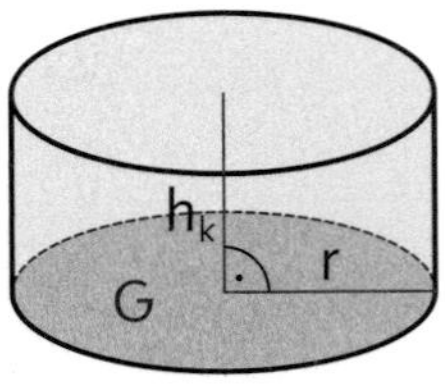

Kegel

$V = \frac{1}{3} \pi \cdot r^2 \cdot h_k$

$O = G + M$

$O = \pi \cdot r^2 + \pi \cdot r \cdot s$

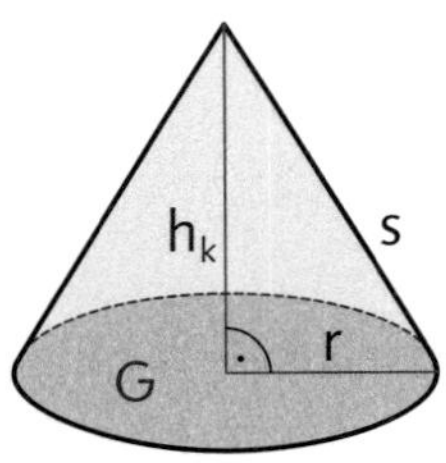

Kugel

$V = \frac{4}{3} \pi \cdot r^3$

$O = 4 \cdot \pi \cdot r^2$

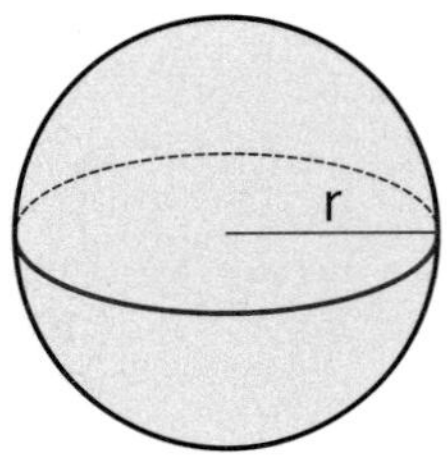

Prozentrechnung

G: Grundwert
W: Prozentwert
p %: Prozentsatz

$W = \frac{G \cdot p}{100}$

Zinsrechnung

K: Kapital
Z: Zinsen
p %: Zinssatz

Zinsen für 1 Jahr: $Z = \frac{K \cdot p}{100}$

Zinsen für m Monate: $Z = \frac{K \cdot p}{100} \cdot \frac{m}{12}$

Zinsen für t Tage: $Z = \frac{K \cdot p}{100} \cdot \frac{t}{360}$

Potenzgesetze

Gleiche Basis:

$a^m \cdot a^n = a^{m+n}$

$a^m : a^n = a^{m-n}$ a darf nicht 0 sein.

Gleicher Exponent:

$a^n \cdot b^n = (a \cdot b)^n$

$a^n : b^n = (a : b)^n$ b darf nicht 0 sein.